KB170181

손경희의
수제청 정리노트 2

허밀테이블

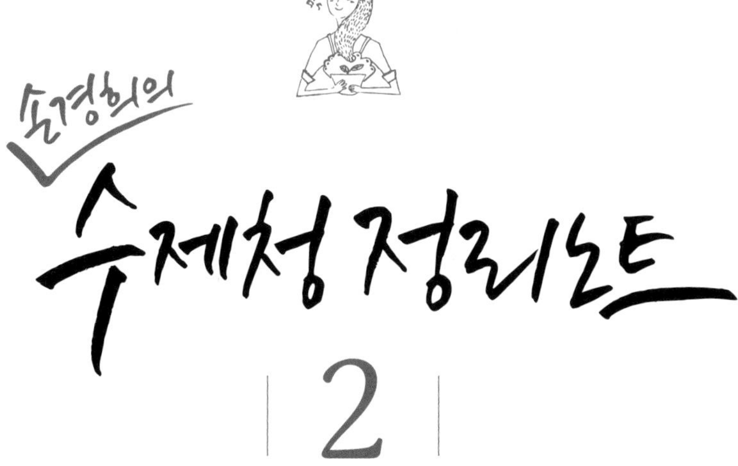

손경희 지음

한국경제신문*i*

Prologue

두 번째 수제청 책을 쓰면서

내가 가장 좋아하는 일은 맛있고 건강한 음식을 만들어 가족, 이웃들과 나누어 먹는 일이다. 건강하고 신선한 식재료를 구입하고 다듬어 씻어서 정리해 정성 들여 요리해서 가족들과 내 이웃들이 맛있게 먹으며 즐거워하는 모습을 볼 때면, 그동안의 노고가 사라지면서 덩달아 즐거워지며 행복해진다.

진정한 행복을 찾기 위한 손경희의 꿈 여행을 시작한 지 12년 차가 되었다. 나는 대한민국 최초의 수제과일청 연구가이며, 수제청 강사이고, 사업가가 되었으며, 글을 쓰는 작가가 되었다. 한길을 뚜벅뚜벅 걸어오다 보니 자연스럽게 생긴 나의 타이틀이다. 많이 어렵기도 했으며, 무섭고 두려웠지만, 내가 선택한 길이기에 지금도 앞을 보고 걸어가며 성장하는 중이다.

얼마 전《손경희의 수제청 정리노트》를 출간해주신 출판사 대표님께 한 통의 전화가 왔다.

"좋은 책 써주셔서 정말 감사합니다. 솔직히 처음에는 수제청 책이 마음에 들지 않았지만, 편집자가 제안해서 출간한 책이었는데요. 이렇게 많이 팔릴지 몰랐습니다. 우리 두 번째 수제청 책 출간합시다."

첫 번째《손경희의 수제청 정리노트》를 집필할 때가 떠올랐다. 가족들의 반대를 무릅쓰고 10평 남짓 작은 공간에서 허밍테이블을 시작했다. 어느 누구 하나 도와주는 이가 없었기에 주머니 속 쌈짓돈을 털어 오픈했다. 오픈한 날 아빠가 하신 말씀이 생각난다.

"네가 그렇고 하고 싶어 시작했으니 힘들다 싶으면 돈은 생각하지 말고 바로 문을 닫거라."

아버지는 딸이 고생할 생각에 안쓰러운 마음이 들었을 것이다. 대기업에 다니던 남편은 내게 어떤 말도 하지 않았다. 그렇게 나는 수제청을 만들기 시작해서 백화점 계약, 카페 납품 등 10평에서 이게 가능하냐고 할 만큼 깜짝 놀랄 성장을 이루었다. 돈이 없었기에 30년 된 낡은 상가에서 오픈했는데, 그 상가는 너무 오래되어 비어 있는 점포가 많았다.

10평에서 시작한 허밍테이블은 점차 늘려 계약하면서 약 50평의 공간을 사용하게 되었다. 하지만 오래된 상가의 재건축이 가속도가 붙기 시작하더니, 어느 날 가게를 빼달라고 했다. 점포 숫자가 많으니 가게 주인도 3명이었는데, 수시로 연락이 왔고, 재건축 조합사무실에서는 틈만 나면 가게 문을 벌컥벌컥 열고 들어와 이사해달라고 했다. 주변이 어수선하니 불안해지면서 '이 많은 짐들과 직원들은 어떻게 해야 할까?' 고민이 되었다. 첫 번째 위기가 찾아온 것이다. 이 위기로 나는 깊고 깊은 슬럼프에 빠지기 시작했다. 이것이《손경희의 수제청 정리노트》첫 번째 책을 집중해서 집필하기 시작한 계기가 되었다.

이미 내가 가지고 있던 적금이며, 쌈짓돈까지 탈탈 털어 투자금으로 지출했고, 서울과 대구를 오가며 강의한 강의료는 모두 직원들의 급여로, 허밍테이블의 재투자금으로 나간 상태였다. 주머닛돈은 하나도 없는데 상가에서 쫓겨나게 생겼으니 눈앞이 캄캄했다.

대표인 내가 슬럼프에 빠지자 허밍테이블의 매출은 급격하게 떨어졌다. 사업체는 살아 있는 생명체와 같다. 이 살아 있는 생명체는 회사 대표의 사랑과 열정을 먹고 살아간다. 그런데 그 주인이 슬럼프에 빠졌으니 이 생명체는 먹을 것이 없었던 모양이다. 나의 허밍테이블에 대한 열정과 사랑이 식어가고 있었으니 말이다. 허밍테이블은 그렇게 희미한 촛불처럼 꺼져가고 있었다.

"언제 가정으로 돌아올 거냐?"라는 가족들의 말들이 떠올랐다. 남편, 친정식구들 모두 나에게 등을 돌렸다. "네가 벌린 일이고, 네가 하고 싶은 일도 실컷 해서 돈도 없으니 이제 그만 포기하라"고 했다.

주위를 둘러보았다. 아이들은 이미 중학생이 되어서 내 손도 필요하지 않았다. 내가 피땀 흘려 일군 허밍테이블은 이사할 곳이 없어 저 우주 속으로 사라지게 되었다. 가정으로 돌아가도 해야 할 일이 크게 없는데, 나는 이제 무엇을 어떻게 해야 하는가 하는 고민에 빠졌다. 허밍테이블을 시작하는 처음으로 돌아가 그때 세운 나의 목표들을 돌아보았다.

'손경희의 허밍테이블'

손경희도 브랜드이며, 허밍테이블도 브랜드다. 엄마의 마음을 담은 슬로건으로 정직, 안전, 안심할 수 있는 먹거리를 만들겠다는 각오를 다지며 허밍테이블은 목표 그대로 잘 달려왔다.

손경희의 목표는 이러했다.

1. 수제청으로 대한민국 최고가 될 것이다.
2. 수제청 책을 출간하겠다.

첫 번째 목표인 수제청으로 대한민국 최고가 되겠다는 목표는 어느 정도 이룬 듯했다. 수많은 수제청 강사들이 나의 강의를 들으러 왔으며, 강의는 항상 대기 인원이 있었다. 강의 후에는 수강생분들이 이제까지 풀지 못한 궁금증을 다 풀어 주어 감사하다면서 대한민국 최고의 강사라고 엄지를 들어 주었다.

두 번째 목표는 수제청 책 출간에 관한 문제였다. 이사할 자금이 없어 사업을 포기하고 허밍테이블을 우주 속으로 날려버릴지라도 '수제청 정리노트' 출간은 이루지 못한 목표였다. 이루지 못한 꿈은 평생 후회로 남을 것 같았다. 하고 싶었던 일을 하지 않은 것에 대한 미련은 평생 후회가 되더라는 것을 몸소 체험했기 때문이었다.

'그래, 허밍테이블은 그만두더라도 수제청 책은 출간하고 그만두자. 목표는 이루자!'

나는 허밍테이블을 출근하는 대신 카페로 출근했다. 회사로 출근할 경우 회사 일을 할 수밖에 없을 것이고, 회사 일을 하다 보면 집필 업무는 자꾸 뒤로 밀려 목표로 한 출간의 꿈은 이룰 수 없을 게 뻔했다. 사실 나와 책을 계약하자는 출판사도 없었다. 그렇다고 목표를 포기할 수는 없었다. 나는 매일 카페로 출근해 '수제청 정리노트'를 한 자 한 자 적어 내려가기 시작했다. 그리고 나의 인스타그램에 책을 쓴다는 인증의 글을 남기 시작했다. 이것은 나와의 약속이었으며, 각오였다.

책을 쓰기 시작한 지 하루, 이틀, 삼 일 계속해서 시간이 흘러갔다. 하지만 수제청 창업 강의 때 사용했던 교안이기에 쉬울 것이라고 생각한 것과는 반대로 결코 쉽지 않았다. 힘든 만큼 더 지독하게 운동을 해가면서 하루하루를 버텼다. 이 목표를 이루지 못한다면 내가 꿈꾸기 시작한 37살부터 7년간의 시간들을 버리는 일이다. 나의 소중한 시간을 누가 함부로 버릴 수 있는가? 아무 말도 하지 않고 묵묵히 매일 책을 써내려갔다.

그런데 매일 이렇게 집필하던 어느 날, 출판사로부터 한 통의 메일이 도착했다. 나의 수제청 책을 출간하고 싶다는 출판사 팀장님의 메일이었다. 뛸 듯이 기뻤다. 정말 간절하면 이루어지는구나 하며 환호성을 질렀다. 그렇게 나는 출판사와 출간 계약을 한 작가가 되었다.

수제청 책의 출간 목표를 이루고 나니 이제 다시 현실이 시작되었다. 상가에서는 이사 가달라는 압박이 더 심해졌으며, 허밍테이블을 어떻게 해야 할지 결정해야 할 시간이 다가왔다. 하지만 나는 예전의 나와 달라져 있었다. 하나를 이루고 나니 자신감이 생겼다. 책이 출간될 건데 허밍테이블이 이 세상에 사라진다는 것은 말이 되지 않았다. 나는 남편에게 사정을 해서 겨우 허밍테이블을 이사할 자금을 마련했다. 그렇게 무학산 자락 앞에 자리 잡은 허밍테이블은 오늘도 조용히 외부와 차단된 채로 수제청을 만들어 고객들에게, 카페로 택배 발송된다.

첫 번째 책을 집필할 때는 출간해주겠다는 출판사도 없이 집필했다면, 두 번째 책 출간은 출판사 대표님의 제안으로 책을 쓰게 되었다. 이 또한 많은 발전이지 않은가? 이번 수제청 책은 수년간 강의하면서 독자들이 궁금해하는 질문들을 발췌, 수록했다. 또한 수제청을 다양하게 블랜딩했으며, 수제청이 달지 않게 은근한 불에 고은 전통방식의 고, 그리고 콩포트를 실었다. 더불어 건강한 수제청을 활용해서 더 맛있게 먹는 홈카페 음료들을 정리했다.

건강한 수제청을 만들어 합성첨가물이 없는 맛있고, 건강한 식탁이 되길 바라면서 한 자 한 자 남겨본다.

"인생을 왜 살아가느냐?"고 묻는다면 진정한 행복을 위해서다.

나는 요리하는 것이 가장 행복하다. 알록달록 수제청을 만들고, 홈카페 음료를 만들 때는 힘이 들지만, 만든 완성품을 볼 때마다 흐뭇하고 행복하다. 나의 수제청 정리노트가 내가 모르는 어떤 가족들에게는 아름다운 행복을 가져다 줄 수 있는 의미 있는 노트가 되었으면 하는 행복한 마음을 가득 담아 정성껏 정리해본다.

손경희

▶ 과정을 동영상으로 볼 수 있어요!

1장. 수제청, 이것이 궁금해요! (Q & A)

2장. 발효와 숙성을 활용한 수제청 정리노트

3장. 저당을 원하는 당신에게, 콤포트 정리노트

4장. 집에서도 카페처럼, 홈카페 정리노트

1장

수제청,
이것이 궁금해요! (Q & A)

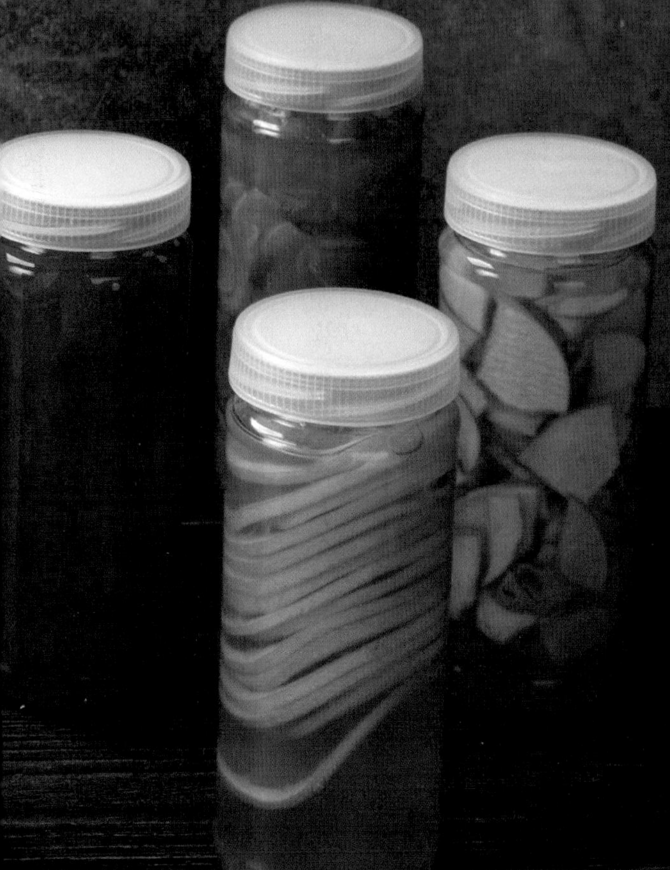

“
운동은 나의 힘
”

'내가 만든 요리를 세상 사람들과 나눠 먹겠다'는 막연한 꿈을 가지기 시작하면서부터 운동을 시작했다. 식품 관련 학문을 전공한 것도 아니었고, 그냥 요리가 좋아서 사업을 시작했던 나는 무엇을 어떻게 해야 할지 길을 몰랐기에 그 방법을 알아내기 위해 운동을 시작했다.

운동을 하면서 용기를 얻고 싶었다.

그때 시작한 운동이 헬스인데, 나는 헬스장 러닝머신에 올라서면 그때부터 내 꿈에 대한 이미지를 머릿속으로 그림을 그리기 시작한다. 주부에서 성공한 멋진 여성 사업가가 되어 있는 상상이다. 상상하면서 행복의 나라로 여행을 떠난다. 이때 생기는 긍정 에너지는 막연하기만 한 나의 꿈을 실행할 수 있게 만들어 주는 기둥 역할을 한다.

운동을 하지 않았다면 나는 이 자리에 없었을 것이 분명하다. 벌써 모든 것을 포기하고 가정으로 돌아갔을 것이다. 상가에서 쫓겨나게 된 그때, 모든 것을 포기하려 했던 그 순간에는 더욱 지독하게 운동을 했다. 이때 하는 운동은 체력을 쌓는다기보다는 정신력을 다잡기 위한 운동이었다. 내 정신력이 무너지려 하는 만큼 더욱 혹독하게 운동을 했다. 이때 느끼는 통증은 오히려 나의 무너져가는 정신력을 잡아 주며, 나에게 엄청난 용기와 희망을 준다. 그렇게 나는 다가온 위기를 운동으로 잘 넘겼다.

그때 느낀 운동의 통증은 고스란히 한 장의 사진과 영상으로 남기게 되었다. 내 인생 최초의 '바디 프로필'이라는 결과물을 나에게 주었으며, 문제가 어떻든, 언제나 풀 수 있다는 강한 긍정 메시지를 남겨 주었다.

나는 두 번째 수제청 정리노트를 쓰면서 두 번째 바디 프로필을 준비한다. 집필과 바디 프로필 준비, 둘 다 쉬운 일은 아니지만, 나는 이 통증을 다시 즐기려 한다. 이 시간을 즐긴 뒤에는 《손경희의 수제청 정리노트 2》와 '손경희의 바디 프로필'이라는 선물을 나에게 주려 한다. 또, 어떤 이에게는 '나도 할 수 있다'는 희망의 메시지가 되었으면 하는 마음도 담는다.

1.

유리병 소독도 잘 했는데, 곰팡이가 왜 생기는 걸까?

수제청을 만들 때 과일과 더불어 가장 많이 들어가는 재료가 설탕이다. 설탕을 넣는 이유는 무엇보다도 설탕이 가지고 있는 당도가 인공 방부제 없이도 천연 방부제 역할을 해주기 때문이다. 그런데 설탕이 방부제 역할을 한다는 것은 무슨 말일까? 설탕이 가지고 있는 높은 당도는 균들의 번식을 억제할 수 있다는 뜻이다.

곰팡이가 피었다는 것은 좋지 못한 균이 외부로부터 침입했는데, 낮은 당도가 균의 먹잇감 역할을 한 것이다. 이때는 당도를 올려야 한다. 과일과 설탕이 만나 설탕이 녹으면서 과일의 삼투압 현상을 일으키는데, 자연스럽게 과일의 과즙과 영양성분이 배출된다. 이때 가장 주의를 해야 한다. 과일이 과즙을 내뱉은 후 과일이 공기와 닿아 있다면 곰팡이가 필 수 있다. 이때 곰팡이가 피는 것을 방지하기 위해서는 하루에 한 번 이상 저어주는 방법을 추천한다. 과일이 다시 시럽을 흡수할 때까지는 아주 세심하게 신경 써준다면 곰팡이는 막을 수 있다.

2.

유기농설탕을 사용하는 이유가 무엇일까?

설탕은 사탕수수나 사탕무에서 추출하는 100% 순수 천연 식품이다. 하지만 '백색 가루'라는 수식어와 함께 건강에 좋지 않다는 선입견이 있다. 여기서는 설탕에 대해 좀 더 알아보고 어떤 설탕을 사용하는 것이 좋을지 생각해보려고 한다.

먼저 설탕의 원재료인 사탕수수나 사탕무에 대해 알아보자. 최초의 설탕 원재료인 사탕수수는 향신료, 즉 스파이스(Spice)라고 한다. 라틴어 어원에는 '약품'이라는 뜻이 있다. 또, 독일에서 사탕무는 채소로 먹거나 콧병, 인후염 등의 질환과 변비를 치료할 때 사용되었다. 그런데 이렇게 건강한 식물 100%로 만들어진 설탕은 왜 몸에 해로운 것일까?

정제 과정을 알면 좀 더 쉽게 이해할 수 있다. 사탕수수나 사탕무에서 설탕을 만드는 정제 과정에서 몸에 좋은 성분을 뽑아버리고 당질만 남긴 것이 설탕이다. 그렇다면 반대로 생각해서 정제 과정이 좀 더 짧다면, 우리가 원하는 영양성분인 비타민과 칼슘, 마그네슘, 아연 등을 섭취할 수 있다. 짧은 정제 과정을 거쳐 만든 것이 유기농설탕이다.

그럼 '유기농'은 무슨 뜻일까? 알다시피 유기농은 퇴비나 유기질 비료만 이용하는 농업 방식이다. 설탕의 원재료인 사탕수수나 사탕무의 재배부터 좀 더 특별하다는 것이다. 그리고 정제 과정이 좀 더 짧다 보니 영양성분이 남아 있는 장점과 함께 사탕수수 자체의 맛이 남아 있어 백설탕보다 좀 더 깊은 맛이 나기도 한다. 내가 먹고, 가족이 먹을 재료인데 좀 더 건강한 당을 사용하기 위해서 유기농설탕을 선택하는 게 좋을 것이다.

3.

꿀만 넣고 수제청을 만들었는데 부패되었다. 꿀로만 청을 만들 수 없나?

수제청을 만들 때 설탕을 넣는 이유는 설탕의 당도가 천연 방부제의 역할을 해서다. 설탕의 당도는 100브릭스(Brix)로 당도가 높아 상하지 않으며, 유통기한도 따로 없다. 하지만 꿀은 당 성분이 높지만, 설탕에 비해 당도가 낮다. 그리고 수분 함유량도 약 20~30% 정도다. 꿀로 수제청을 담을 경우 설탕보다 아주 많은 양의 꿀을 사용해야 한다. 이렇게 만들 경우 생각보다 맛이 좋지 않다는 평가를 자주 받는다. 설탕과 함께 꿀은 보충하는 정도로 넣어야 수제청이 훨씬 맛있게 된다.

4.

오래전에 만든 수제청이 있는데 버려야 하나?

수제청은 과일과 설탕의 삼투압 현상을 이용해 만드는 장기 보존 식품 중 하나다. 잘 만들어진 수제청이라면 장기간 숙성 과정을 거쳐 깊은 맛이 난다. 제대로 발효와 숙성 과정을 거친 수제청이라면 버리지 않고 드셔도 좋다. 이 책에서 설명하는 수제청은 과일 자체의 맛과 향을 그대로 살려 인공 향신료나 감미료를 넣지 않는 것이 핵심이기에 3개월 안에 드시기를 추천한다.

5.

냉동과일로도 수제청을 만들 수 있나?

수제청은 과일을 설탕에 버무려 두면 삼투압 현상이 일어나는데, 이때 과일이 가지고 있는 효소를 이용해 발효와 숙성을 한다. 하지만 냉동과일에는 효소가 거의 없고, 해동 과정에서 세균 번식이 우려된다. 그래서 수제청을 만들 때에는 싱싱한 생과일을 이용하는 것을 추천한다. 만약 냉동된 생과일이 있다면 끓여 만드는 코디얼(《손경희의 수제청 정리노트》 1권 참고)이나 콩포트를 만드는 것을 추천한다.

6.

당뇨 환자가 수제청을 먹어도 될까?

당뇨란 인슐린의 분비가 부족하거나 정상적인 기능이 이루어지지 않는 대사질환이다. 즉, 인슐린의 생산력이 떨어지거나 생산되더라도 제대로 그 기능을 못한다는 말이다. 그래서 당뇨가 있는 분은 혈당 조절이 어렵게 된다.

설탕은 흡수율이 빨라 혈당을 상승시킬 수도 있지만, 혈당이 떨어져 급히 당을 섭취해야 할 때는 단것을 섭취하는 것이 필요하다. 이때는 수제청을 먹는 것이 도움된다.

2장

발효와 숙성을 활용한 수제청 정리노트

Ball

"경산 대추를 사랑하는 이유"

금호강변 줄기를 따라 하천 둑길을 걸으면 친정집이 나온다. 집 앞에는 마당이 있었는데, 마당 앞은 온 천지가 과수원이었다. 나는 과수원집 둘째딸이었다.

어릴 적 엄마, 아빠는 그 과수원에서 사과농사를 지으셨는데, 봄이 오면 온 천지가 새하얀 사과 꽃으로 뒤덮였다. 엄마, 아빠는 사과 꽃 수정을 위해 분가루를 사과 꽃 하나하나에 톡톡 분칠을 하셨다. 그리고 얼마 뒤면 꽃이 지고, 신기하게 아기 손가락만한 사과가 맺히기 시작했다.

여름이 되면 제법 사과가 커지는데, 이때 여름 사과 아오리는 수확을 한다. 그런데 얄궂게도 이때는 태풍을 동반한 장마가 온다. 어린 마음에도 힘센 태풍에 사과가 다 떨어지면 어떻게 하나, 비가 너무 많이 내려 금호강이 넘쳐 과수원을 덮어버리면 어쩌지 하며 마음 졸였던 기억이 난다.

이렇게 부모님은 사과 농사를 짓다가 우리 형제들의 학업을 위해 대구로 이사를 하셨다. 대구로 이사 간 후 엄마, 아빠는 사과 농사가 힘들다고, 사과 농사 대신 대추 농사를 짓기 시작하셨다. 그때부터 사과 대신 아삭아삭한 대추를 먹게 되었다. 나무에서 갓 익은 대추는 사과보다 더 달콤하고 맛있었다. 가을이 되면 빨갛게 익은 대추를 장대로 툭툭 털어 대추를 땄는데, 이 대추는 건조기에서 밤새도록 건조시켜서 상인들에게 판매했다.

엄마는 건조된 대추로 대추차를 끓여 우리 형제들에게 먹이셨는데, 어린 내 입에는 그 대추차가 참 먹기 싫었다. 그래서 그렇게 먹기 싫었던 대추에는 선뜻 손이 가지 않았다. 과일을 이용한 수많은 수제청을 만들었지만, 어릴 적부터 먹고 자란 대추로 무엇을 만들고 싶지는 않았다.

그런데 손경희의 허밍테이블 창업 5년 차, 경기도의 유명한 한옥 카페에서 수제 대추고 납품 문의가 들어왔다. 대형 프랜차이즈로는 첫 거래업체인데, 허밍테이블에는 정말 소중한 카페였다. 대추밭 집 둘째딸은 그때부터 대추를 삶아 대추를 고았다. 어릴 적 엄마가 끓여준 대추차의 기억을 더듬어가면서 대추고를 달였다. 그랬더니 마음속 깊은 곳에 저장되어 있던 어릴 적 기억들이 봄에 새싹이 돋아나는 것처럼 나의 혀를 통해 하나하나 되살아났다. 이렇게 '손경희의 대추고'가 출시되었다. '손경희의 대추고'는 허밍테이블의 최애 작품이면서 가장 인기 있는 메뉴가 되었다.

1.

대추생강배청

대추생강배청 만들기

재료

대추 100g, 생강 300g, 배 100g, 유기농설탕 350g, 꿀 50g, 베이킹소다

Recipe

1. 볼에 물을 담아 대추를 넣고 대추를 비벼서 씻은 후 정수에 헹군다.

TIP 건조된 대추는 물에 담가 두면 물을 금방 흡수하기 때문에 바로 씻는데, 처음 씻을 때부터 정수를 사용한다.

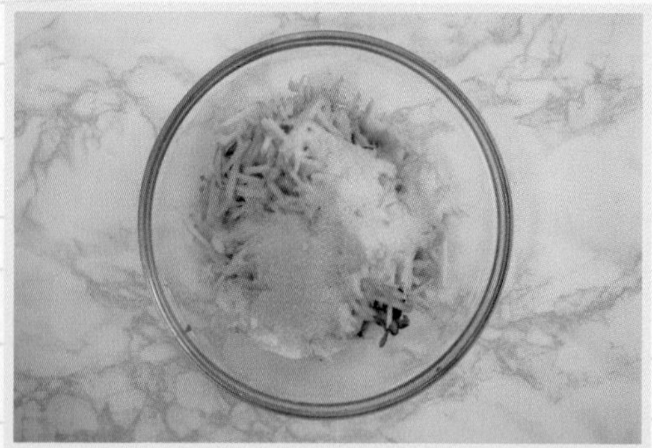

2. 생강은 물에 담가 껍질을 벗긴 후 수돗물과 정수에 헹군다.

3. 배는 베이킹소다 푼 물에 담가 세척 후 정수에 헹궈 준비한다.

4. 대추는 돌려 깎아 채 썰어 준비한다.

5. 생강도 슬라이스 후 채 썰어 준비한다.

6. 배는 껍질과 함께 채 썰어 준비한다.

7. 4, 5, 6번을 볼에 넣은 후 유기농설탕과 꿀을 넣어 버무린다.

TIP 준비된 재료 무게의 70%만큼 유기농설탕을 넣고, 10% 양만큼 꿀을 넣는다.

8. 7번을 소독된 유리병에 넣는다.

TIP 유리병 소독법은 《손경희의 수제청 정리노트》 1권의 17페이지를 참고한다.

9. 실온에 두면서 하루에 한두 번씩 흔들어가면서 유기농설탕이 녹을 때까지 저어준다.

TIP 유리병을 흔들어 줄 때에는 뚜껑을 열어 병 속에 가스를 빼준다. 가스를 빼주지 않으면 과육과 과즙이 흘러넘치거나 심할 경우 유리병이 깨질 수도 있다.

10. 냉장고에서 2주간 숙성 후 완성한다.

대추의 효능

"대추를 보고도 먹지 않으면 늙는다", "하루에 대추 3알을 먹으면 늙지 않는다"라는 말이 있다. 대추는 노화 예방은 물론, 몸을 따뜻하게 해주고, 면역력을 높여주며, 해독 역할을 한다. 대추에 들어 있는 마그네슘은 세로토닌이라는 호르몬 생성에 도움을 주며, 긴장이나 흥분을 가라앉히고 마음을 편하게 해주며 숙면에 도움을 준다. 특히 대추와 생강을 함께 먹으면 위를 보호해주며 소화가 잘된다.

2.

진저레몬청

진저레몬청 만들기

재료

생강 200g, 레몬 3개(300g), 유기농설탕 400g, 굵은 소금, 베이킹소다, 밀가루

Recipe

1. 준비한 레몬을 세척해 준비한다.

TIP 레몬은 수입 과일이 대부분이라 왁스로 도포되어 있어서 세척이 매우 중요하다. 왁스 제거하는 세척법은 《손경희의 수제청 정리노트》 1권 18~19페이지를 참고한다.

2. 생강은 물에 담근 뒤 껍질을 벗긴 후 수돗물과 정수에 헹군다.

3. 레몬은 과육이 보일 만큼 위아래를 잘라 버린 다음 0.5cm 두께로 슬라이스한다.

TIP 레몬 꼭지에는 쓴맛이 많아 과육이 보일 만큼 잘라 버린다.

4. 생강은 얇게 슬라이스한다.

5. 3, 4번을 볼에 넣은 후 유기농설탕을 버무린다.

TIP 준비된 재료 무게의 80% 유기농설탕을 사용한다.

6. 5번을 소독된 유리병에 넣는다.

TIP 유리병 소독법은 《손경희의 수제청 정리노트》 1권의 17페이지를 참고한다.

7. 실온에 두면서 하루에 한두 번씩 흔들어가면서 유기농설탕이 녹을 때까지 저어준다.

TIP 유리병을 흔들어 줄 때에는 뚜껑을 열어 병 속에 가스를 빼준다. 가스를 빼주지 않으면 과육과 과즙이 흘러넘치거나 심할 경우 유리병이 깨질 수도 있다.

8. 냉장고에서 10일간 숙성 후 완성한다.

생강의 효능

생강은 알싸하게 매운 맛과 독특한 향을 가지고 있어 음식에 잡내를 없애거나 중요한 조미 역할을 한다. 이 알싸한 생강의 맛은 진저론(Zingerone)과 쇼가올(Shogaols)이라는 성분 때문인데, 진저론과 쇼가올은 살균작용과 몸속의 냉기를 몸 밖으로 배출해준다. 또한 몸을 따뜻하게 해줘서 혈액순환을 활성화시키고 면역력을 올려주는 역할을 한다. 8월에 햇생강이 나오는데, 햇생강에는 수분이 많고, 생강청을 담기 좋은 시기는 11월 말부터다.

3.

진저자몽청

진저자몽청 만들기

재료

생강 200g, 자몽 2개(300g), 유기농설탕 400g, 굵은 소금, 베이킹소다, 밀가루

Recipe

1. 준비한 자몽을 세척해 준비한다.

TIP 자몽은 수입 과일이 대부분이라 왁스로 도포되어 있어서 세척이 매우 중요하다. 왁스 제거하는 세척법은 《손경희의 수제청 정리노트》 1권 18~19페이지를 참고한다.

2. 생강은 물에 담근 후 껍질을 벗긴 후 수돗물과 정수에 헹군다.

3. 자몽은 과육이 보일 만큼 잘라 버린 다음 2cm 두께로 슬라이스 한다.

4. 생강은 얇게 슬라이스한다.

5. 3, 4번을 볼에 넣은 후 유기농설탕을 버무린다.

TIP 준비된 재료 양의 80% 유기농설탕을 사용한다.

6. 5번을 소독된 유리병에 넣는다.

TIP 유리병 소독법은 《손경희의 수제청 정리노트》 1권의 17페이지를 참고한다.

7. 실온에 두면서 하루에 한두 번씩 흔들어가면서 유기농설탕이 녹을 때까지 저어준다.

TIP 유리병을 흔들어 줄 때에는 뚜껑을 열어 병 속에 가스를 빼준다. 가스를 빼주지 않으면 과육과 과즙이 흘러넘치거나 심할 경우 유리병이 깨질 수도 있다.

8. 냉장고에서 10일간 숙성 후 완성한다.

4.

방울토마토청

방울토마토청 만들기

재료

방울토마토 600g, 유기농설탕 480g, 베이킹소다 조금

Recipe

1. 방울토마토를 베이킹소다 푼 물에 담가 세척 후 수돗물과 정수에 헹궈 준비한다.

2. 방울토마토 꼭지를 뗀 후 윗부분을 열십자로 칼집을 낸다.

3. 냄비에 정수를 담고 끓인 후 방울토마토를 살짝 데친다.

TIP 방울토마토가 속까지 익지 않도록 주의한다.

4. 3번의 방울토마토의 껍질을 벗긴다.

TIP 준비된 재료 양의 80% 유기농설탕을 사용한다.

5. 4번을 유기농설탕에 버무린다.

TIP 준비된 재료 양의 80% 유기농설탕을 사용한다.

6. 5번을 소독된 유리 병에 넣는다.

TIP 유리병 소독법은 《손경희의 수제청 정리노트》 1권의 17페이지를 참고한다.

7. 실온에 두면서 하루에 한두 번씩 흔들어가면서 유기농설탕이 녹을 때까지 저어준다.

TIP 유리병을 흔들어 줄 때에는 뚜껑을 열어 병 속에 가스를 빼준다. 가스를 빼주지 않으면 과육과 과즙이 흘러넘치거나 심할 경우 유리병이 깨질 수도 있다.

8. 유기농설탕이 녹으면 냉장고에서 약 10일간 숙성해 완성한다.

토마토의 효능

'토마토가 빨갛게 익으면 의사 얼굴이 파랗게 된다'라는 유럽 속담이 있다. 그만큼 토마토는 건강에 좋은 식품 중 하나다. 토마토에 있는 항산화물질인 라이코펜(Lycopene), 베타카로틴(Beta-carotene)은 노화 예방에 도움을 주며, 뇌졸중, 심근경색 예방에 도움을 준다.

5.

트로피컬프루트청

트로피컬프루트청 만들기

재료

키위 1개(100g), 사과 1/2개(100g), 블루베리 100g, 오렌지 1개(100g), 파인애플 100g, 복숭아 1개(100g), 유기농설탕 480g, 베이킹소다

Recipe

1. 준비한 과일을 베이킹소다 푼 물에 담가 세척 후 수돗물과 정수에 헹궈 준비한다.

2. 키위, 사과, 오렌지, 파인애플, 복숭아는 껍질을 벗긴 후 1×1cm 크기로 깍둑썰기 한다.

3. 준비한 2번 재료와 블루베리를 유기농설탕에 버무린다.

4. 3번을 소독된 유리병에 넣는다.

TIP 유리병 소독법은 《손경희의 수제청 정리노트》 1권의 17페이지를 참고한다.

5. 실온에 두면서 하루에 한두 번씩 흔들어가면서 유기농설탕이 녹을 때까지 저어준다.

TIP 유리병을 흔들어 줄 때에는 뚜껑을 열어 병 속에 가스를 빼준다. 가스를 빼주지 않으면 과육과 과즙이 흘러넘치거나 심할 경우 유리병이 깨질 수도 있다.

6. 유기농설탕이 녹으면 냉장고에서 약 5일간 숙성해 완성한다.

사과의 효능

비타민과 무기질이 풍부한 사과는 알칼리 식품 중 하나이고, 섬유질이 풍부해 배변 활동에 도움을 주며, 콜레스테롤을 저하시켜주는 역할을 하고, 유기산은 쌓인 피로를 풀어 주며 혈압을 조절해준다.

6.

미나리청

미나리청 만들기

재료

미나리 800g, 유기농설탕 640g

Recipe

1. 미나리를 수돗물과 정수에 헹궈 소쿠리에 건져 준비한다.

2. 물기 빠진 미나리를 5cm 크기로 잘라준다.

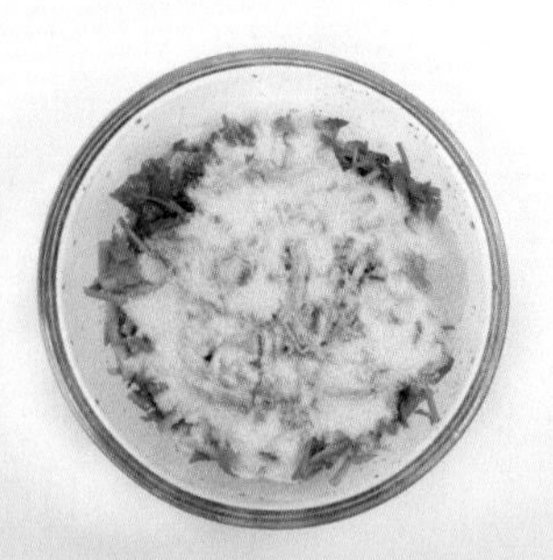

3. 2번에 유기농설탕을 버무려 준다.

TIP 준비된 재료 양의 80% 유기농설탕을 사용한다.

4. 3번을 소독된 유리병에 넣는다.

TIP 유리병 소독법은 《손경희의 수제청 정리노트》 1권의 17페이지를 참고한다.

5. 실온에 두면서 하루에 한두 번씩 흔들어가면서 유기농설탕이 녹을 때까지 저어준다.

TIP 유리병을 흔들어 줄 때에는 뚜껑을 열어 병 속에 가스를 빼준다. 가스를 빼주지 않으면 과육과 과즙이 흘러넘치거나 심할 경우 유리병이 깨질 수도 있다.

6. 유기농설탕이 녹으면 냉장고에서 약 30일간 숙성한다.

7. 6번에서 시럽과 미나리를 분리한다.

8. 7번의 시럽을 소독된 유리병에 넣는다.

미나리의 효능

자생력이 강한 미나리는 해독작용이 뛰어나 중금속과 미세먼지 등을 몸 밖으로 배출시키는 역할을 한다. 특히 미나리의 이소람네틴(Isorhamnetin) 성분은 체내 염증을 제거해준다.

7.

청귤청

청귤청 만들기

재료

청귤 4개(약 400g), 유기농설탕 320g, 베이킹소다

Recipe

1. 청귤을 베이킹소다 푼 물에 약 20분간 담근 후 흔들어 세척하고, 정수에 준비한다.

2. 세척한 청귤은 0.5cm 두께로 슬라이스한다.

3. 2번에 유기농설탕을 넣어 버무린다.

TIP 준비된 재료 양의 80% 유기농설탕을 사용한다.

4. 3번을 소독된 용기에 넣는다.

TIP 유리병 소독법은 《손경희의 수제청 정리노트》 1권의 17페이지를 참고한다.

5. 실온에 두면서 유기농설탕이 녹을 때까지 하루에 한두 번씩 저어준다.

TIP 유리병을 흔들어 줄 때에는 뚜껑을 열어 병 속에 가스를 빼준다. 가스를 빼주지 않으면 과육과 과즙이 흘러넘치거나 심할 경우 유리병이 깨질 수도 있다.

6. 냉장고에서 5일간 숙성해 완성한다.

청귤의 효능

덜 익은 귤을 '청귤' 또는 '풋귤'이라고 한다. 비타민 함유량이 레몬에 비해 10배 높으며, 구연산 함유량이 높아 피로물질인 젖산을 분해하는 효과가 높다.

8.

청귤오렌지청

청귤오렌지청 만들기

재료

청귤 3개(약 300g), 오렌지 1개(약 150g), 유기농설탕 360g, 베이킹소다

Recipe

1. 청귤을 베이킹소다 푼 물에 약 20분간 담근 후 세척하고 정수에 헹군다.

2. 오렌지도 세척 후 정수에 헹궈 준비한다.

3. 세척한 청귤, 오렌지는 0.5cm 두께로 슬라이스한다.

4. 3번에 유기농설탕을 넣어 버무린다.

TIP 준비된 재료 양의 80% 유기농설탕을 사용한다.

5. 4번을 소독된 유리병에 넣는다.

TIP 유리병 소독법은 《손경희의 수제청 정리노트》 1권의 17페이지를 참고한다.

6. 실온에 두면서 하루에 한두 번씩 흔들어가면서 유기농설탕이 녹을 때까지 저어준다.

TIP 유리병을 흔들어 줄 때에는 뚜껑을 열어 병 속에 가스를 빼준다. 가스를 빼주지 않으면 과육과 과즙이 흘러넘치거나 심할 경우 유리병이 깨질 수도 있다.

7. 유기농설탕이 녹으면 냉장고에서 5일간 숙성 후 완성한다.

오렌지의 효능

오렌지의 플라본(Flavone) 화합물질은 콜레스테롤을 저하시키며, 혈압을 내리는 효과가 있고, 비타민A가 풍부해 감기 예방이나 피로 회복, 피부 미용에 좋다.

9.

오렌지레몬청

오렌지레몬청 만들기

재료

오렌지 2개(300g), 레몬 3개(300g), 유기농설탕 480g, 굵은 소금, 베이킹소다, 밀가루

Recipe

1. 준비한 오렌지와 레몬을 세척해 준비한다.

TIP 오렌지와 레몬은 수입 과일이 대부분이라 왁스로 도포되어 있어서 세척이 매우 중요하다. 왁스 제거하는 세척법은 《손경희의 수제청 정리노트》 1권 18~19페이지를 참고한다.

2. 세척한 오렌지와 레몬은 0.5cm 두께로 슬라이스한다.

3. 2번에 유기농설탕을 넣어 버무린다.

TIP 준비된 재료 양의 80% 유기농설탕을 사용한다.

4. 3번을 소독된 유리병에 넣는다.

TIP 유리병 소독법은 《손경희의 수제청 정리노트》 1권의 17페이지를 참고한다.

5. 실온에 두면서 하루에 한두 번씩 흔들어가면서 유기농설탕이 녹을 때까지 저어준다.

TIP 유리병을 흔들어 줄 때에는 뚜껑을 열어 병 속에 가스를 빼준다. 가스를 빼주지 않으면 과육과 과즙이 흘러넘치거나 심할 경우 유리병이 깨질 수도 있다.

6. 유기농설탕이 녹으면 냉장고에서 5일간 숙성 후 완성한다.

레몬의 효능

레몬은 당 함유량이 낮은 과일 중 하나이며, 비타민C가 풍부하다. 껍질에 함유된 펙틴(Pectin)은 혈중 콜레스테롤을 내려주며, 구연산은 골다공증을 예방하는 데 도움을 준다.

10.

블루베리오디청

블루베리오디청 만들기

재료

오디 200g, 블루베리 200g, 유기농설탕 320g, 베이킹소다

Recipe

1. 오디는 정수에 헹궈 소쿠리에 건지고, 블루베리는 베이킹소다를 푼 물에 담가 세척 후 정수에 헹궈 준비한다.

2. 오디와 블루베리를 볼에 넣고 유기농설탕을 잘 섞어 준다.

TIP 준비된 재료 양의 80% 유기농설탕을 사용한다.

3. 2번을 소독된 유리병에 넣는다.

TIP 유리병 소독법은 《손경희의 수제청 정리노트》 1권의 17페이지를 참고한다.

4. 3번을 실온에 두면서 하루에 한두 번 흔들어 주며 유기농설탕을 녹여 준다.

TIP 유리병을 흔들어 줄 때에는 뚜껑을 열어 병 속에 가스를 빼준다. 가스를 빼주지 않으면 과육과 과즙이 흘러넘치거나 심할 경우 유리병이 깨질 수도 있다.

5. 냉장고에서 5일간 숙성해 완성한다.

오디의 효능

블랙 푸드인 오디는 뽕나무에서 열린다. 안토시아닌(Anthocyanin) 성분이 많아 노화 방지와 시력 개선 효과가 있으며, 오디의 씨앗에는 비타민E가 풍부해 항산화 효과가 있다.

11.

체리청

체리청 만들기

재료

체리 500g, 유기농설탕 400g, 베이킹소다 조금

Recipe

1. 체리를 베이킹소다 푼 물에 담가 수돗물에서 헹군 후 마지막 헹굼은 정수에서 헹궈 준비한다.

2. 체리를 반으로 갈라 칼집을 내서 씨앗과 과육을 분리한다.

3. 2번에 유기농설탕을 버무린다.

TIP 준비된 재료 양의 80% 유기농설탕을 사용한다.

4. 3번을 소독된 유리병에 넣는다.

TIP 유리병 소독법은 《손경희의 수제청 정리노트》 1권의 17페이지를 참고한다.

5. 실온에 두면서 하루에 한두 번씩 흔들어가면서 유기농설탕이 녹을 때까지 저어준다.

TIP 유리병을 흔들어 줄 때에는 뚜껑을 열어 병 속에 가스를 빼준다. 가스를 빼주지 않으면 과육과 과즙이 흘러넘치거나 심할 경우 유리병이 깨질 수도 있다.

6. 유기농설탕이 녹으면 냉장고에서 5일간 숙성 후 완성한다.

체리의 효능

버찌나무의 열매인 체리는 멜라토닌(Melatonin) 성분과 프로안토시아닌(Proantho cyanidin) 성분이 풍부하다. 이 성분은 생체리듬을 조절해주며 수면에 도움을 준다.

12.

체리레몬청

체리레몬청 만들기

재료

체리 300g, 레몬 2개(200g), 유기농설탕 400g, 굵은 소금, 베이킹소다, 밀가루

Recipe

1. 체리는 베이킹소다 푼 물에 담가 세척 후 수돗물과 정수에 헹궈 준비한다. 레몬도 세척 후 수돗물과 정수에 헹궈 준비한다.

TIP 레몬은 수입 과일이 대부분이라 왁스로 도포되어 있어서 세척이 매우 중요하다. 왁스 제거하는 세척법은 《손경희의 수제청 정리노트》 1권 18~19페이지를 참고한다.

2. 체리는 반으로 갈라 칼집을 내주어 씨앗과 과육을 분리한다.

3. 레몬은 과육이 보일 정도로 자르고 0.5cm로 슬라이스해 준비한다.

4. 2번과 3번에 유기농 설탕을 버무린다.

TIP 준비된 재료 양의 80% 유기농설탕을 사용한다.

5. 4번을 소독된 유리병에 넣는다.

TIP 유리병 소독법은 《손경희의 수제청 정리노트》 1권의 17페이지를 참고한다.

6. 5번을 실온에 두면서 하루에 한두 번씩 흔들어가면서 유기농설탕이 녹을 때까지 저어준다.

TIP 유리병을 흔들어 줄 때에는 뚜껑을 열어 병 속에 가스를 빼준다. 가스를 빼주지 않으면 과육과 과즙이 흘러넘치거나 심할 경우 유리병이 깨질 수도 있다.

7. 유기농설탕이 녹으면 냉장고에서 5일간 숙성해 완성한다.

13.

애플망고복숭아청

애플망고복숭아청 만들기

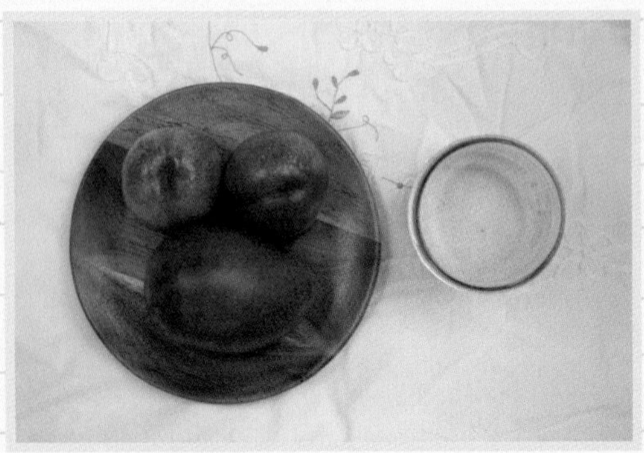

재료

애플망고 1개(200g), 복숭아 2개(300g), 유기농설탕 400g, 베이킹소다

Recipe

1. 애플망고와 복숭아는 베이킹소다 푼 물에 담가 수돗물에 헹군 후 정수에 마지막 헹굼한다.

2. 애플망고와 복숭아를 1×1cm 크기로 깍둑썰기 한다.

3. 2번을 볼에 넣은 후 유기농설탕을 버무린다.

TIP 준비된 재료 양의 80% 유기농설탕을 사용한다.

4. 3번을 소독한 유리병에 넣는다.

TIP 유리병 소독법은 《손경희의 수제청 정리노트》 1권의 17페이지를 참고한다.

5. 실온에 두면서 하루에 한두 번씩 흔들어가면서 유기농설탕이 녹을 때까지 저어준다.

TIP 유리병을 흔들어 줄 때에는 뚜껑을 열어 병 속에 가스를 빼준다. 가스를 빼주지 않으면 과육과 과즙이 흘러넘치거나 심할 경우 유리병이 깨질 수도 있다.

6. 유기농설탕이 녹으면 냉장고에서 5일간 숙성해 완성한다.

애플망고의 효능

애플망고는 비타민A, C와 엽산이 풍부하다. 망기페린(Mangiferin) 성분은 비만을 줄이고 혈액의 콜레스테롤을 감소시키며, 뇌의 신경세포를 보호한다.

14.

수박청

수박청 만들기

재료

수박 500g, 유기농설탕 400g

Recipe

1. 수박을 씻어 준비한다.
2. 수박 겉껍질을 살짝 벗겨 낸 후 1×1cm 크기로 잘라 준비한다.

TIP 수박 껍질의 흰 부분도 넣는다.

3. 2번을 유기농설탕에 버무린다.

TIP 준비된 재료 양의 80% 유기농설탕을 사용한다.

4. 3번을 소독한 유리병에 넣는다.

TIP 유리병 소독법은 《손경희의 수제청 정리노트》 1권의 17페이지를 참고한다.

5. 실온에 두면서 하루에 한두 번씩 흔들어가면서 유기농설탕이 녹을 때까지 저어준다.

TIP 유리병을 흔들어 줄 때에는 뚜껑을 열어 병 속에 가스를 빼준다. 가스를 빼주지 않으면 과육과 과즙이 흘러 넘치거나 심할 경우 유리병이 깨질 수도 있다.

6. 냉장고에서 5일간 숙성해 완성한다.

수박의 효능

수박에는 리코펜(Lycopene) 성분이 많다. 리코펜은 심장 질환에 도움이 되며, 아미노산 계열인 시트룰린(Citrulline)이 많아 소변을 배출하고, 체내 암모니아 등 독성 물질을 몸 밖으로 배출시키는 효과가 있다.

15.

꿀도라지청

꿀도라지청 만들기

재료

도라지 500g, 유기농설탕 360g, 꿀 40g

Recipe

1. 도라지는 흐르는 물에 솔로 씻어 정수에 헹궈 준비한다.

2. 1번을 통으로 슬라이스한다.

3. 2번을 유기농설탕과 꿀에 버무린다.

TIP 준비된 재료 무게의 70%만큼 유기농설탕을 넣고, 10% 양만큼 꿀을 넣는다.

4. 3번을 소독한 유리병에 넣는다.

TIP 유리병 소독법은 《손경희의 수제청 정리노트》 1권의 17페이지를 참고한다.

5. 실온에 두면서 하루에 한두 번씩 흔들어가면서 유기농설탕이 녹을 때까지 저어준다.

TIP 유리병을 흔들어 줄 때에는 뚜껑을 열어 병 속에 가스를 빼준다. 가스를 빼주지 않으면 과육과 과즙이 흘러넘치거나 심할 경우 유리병이 깨질 수도 있다.

6. 냉장고에서 2주간 숙성 후 완성한다.

도라지의 효능

도라지의 사포닌(Saponin) 성분은 호흡기에 좋아 기침이나 가래에 도움을 주고, 섬유질과 비타민, 무기질이 풍부하다.

16.

자몽오렌지레몬청

자몽오렌지레몬청 만들기

재료

자몽 1개(200g), 오렌지 1개(150g), 레몬 2개(200g), 유기농설탕 440g, 굵은 소금, 베이킹소다, 밀가루

Recipe

1. 준비한 자몽, 오렌지, 레몬을 세척해 준비한다.

TIP 자몽, 오렌지, 레몬은 수입 과일이 대부분이라 왁스로 도포되어 있어서 세척이 매우 중요하다. 왁스 제거하는 세척법은 《손경희의 수제청 정리노트》 1권 18~19페이지를 참고한다.

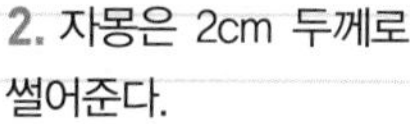

2. 자몽은 2cm 두께로 썰어준다.

TIP 자몽은 과육이 부드러워 부서지기 쉬워 두껍게 썬다.

3. 오렌지와 레몬은 0.5cm 두께로 슬라이스한다.

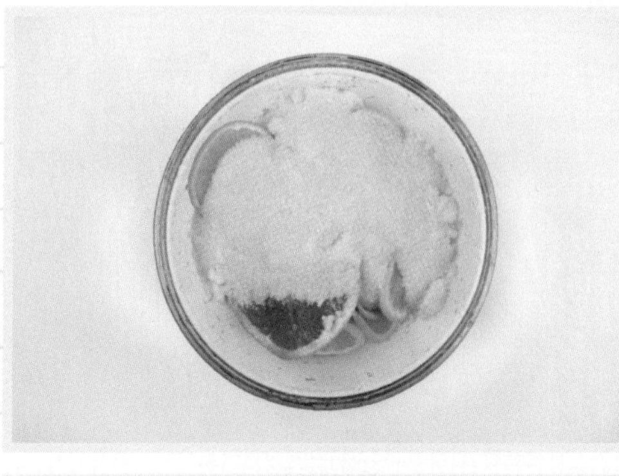

4. 2번에 유기농설탕으로 버무린다.

5. 4번을 소독된 유리병에 넣는다.

TIP 유리병 소독법은 《손경희의 수제청 정리노트》 1권의 17페이지를 참고한다.

6. 실온에 두면서 하루에 한두 번씩 흔들어가면서 유기농설탕이 녹을 때까지 저어준다.

TIP 유리병을 흔들어 줄 때에는 뚜껑을 열어 병 속에 가스를 빼준다. 가스를 빼주지 않으면 과육과 과즙이 흘러넘치거나 심할 경우 유리병이 깨질 수도 있다.

7. 냉장고에서 5일간 숙성 후 완성한다.

TIP 자몽오렌지레몬청은 냉장고에서 약 3개월 정도 보관 가능하다

자몽의 효능

신맛과 쓴맛이 강한 자몽은 달지 않으면서 입맛을 돋우어준다. 연한 노란색부터 루비색 등 여러 색상이 있다. 비타민이 풍부하고, 팩틴 성분이 많아 체내 콜레스테롤을 낮춰준다. 단, 주의할 점은 칼륨이 풍부해 고혈압 약을 복용할 때는 약 효과를 떨어뜨릴 수 있으니 주의해야 한다.

17.

파인애플키위청

파인애플키위청 만들기

재료

파인애플 200g, 키위 4개(400g), 유기농설탕 480g, 베이킹소다

Recipe

1. 파인애플과 키위를 베이킹소다에 세척한다.

2. 파인애플과 키위 껍질을 벗긴 후 1×1cm 크기로 깍둑썰기 한다.

3. 2번을 유기농설탕과 버무린다.

TIP 준비된 재료 양의 80% 유기농설탕을 사용한다.

4. 3번을 소독된 유리병에 넣는다.

TIP 유리병 소독법은 《손경희의 수제청 정리노트》 1권의 17페이지를 참고한다.

5. 실온에 두면서 하루에 한두 번씩 흔들어가면서 유기농설탕이 녹을 때까지 저어준다.

TIP 유리병을 흔들어 줄 때에는 뚜껑을 열어 병 속에 가스를 빼준다. 가스를 빼주지 않으면 과육과 과즙이 흘러넘치거나 심할 경우 유리병이 깨질 수도 있다.

6. 냉장고에서 5일간 숙성 후 완성한다.

파인애플의 효능

파인애플의 티아민(Thiamin) 성분은 탄수화물을 에너지로 전환시켜 신진대사를 촉진한다. 브로멜라인(Bromelain) 성분은 염증을 줄여 주며 독소를 분해한다.

18.

애플라임청

애플라임청 만들기

재료

사과 1개(150g), 라임 3개(250g), 유기농설탕 320g, 굵은 소금, 베이킹소다, 밀가루

Recipe

1. 사과는 베이킹소다를 푼 물에 세척하고, 라임도 세척해 정수에 헹궈 준비한다.

TIP 라임은 수입 과일이 대부분이라 왁스로 도포되어 있어서 세척이 매우 중요하다. 왁스 제거하는 세척법은 《손경희의 수제청 정리노트》 1권 18~19페이지를 참고한다.

2. 사과와 라임을 0.5cm 두께로 슬라이스한다.

3. 2번에 유기농설탕을 버무린다.

TIP 준비된 재료 양의 80% 유기농설탕을 사용한다.

4. 3번을 소독된 유리병에 넣는다.

TIP 유리병 소독법은 《손경희의 수제청 정리노트》 1권의 17페이지를 참고한다.

5. 실온에 두면서 하루에 한두 번씩 흔들어가면서 유기농설탕이 녹을 때까지 저어준다.

TIP 유리병을 흔들어 줄 때에는 뚜껑을 열어 병 속에 가스를 빼준다. 가스를 빼주지 않으면 과육과 과즙이 흘러 넘치거나 심할 경우 유리병이 깨질 수도 있다.

6. 냉장고에서 5일간 숙성 후 완성한다.

라임의 효능

독특한 향이 개성인 라임은 구연산 함유량이 높아 신맛이 강하며 피로 회복에 좋다.

19.

석류레몬청

석류레몬청 만들기

재료

석류 1개(350g), 레몬 1개(100g), 굵은 소금, 베이킹소다, 밀가루

Recipe

1. 준비한 석류와 레몬을 세척해 준비한다.

TIP 석류와 레몬은 수입 과일이 대부분이라 왁스로 도포되어 있어서 세척이 매우 중요하다. 왁스 제거하는 세척법은 《손경희의 수제청 정리노트》 1권 18~19페이지를 참고한다.

2. 석류를 앞뒤 꼭지를 자른 후 4등분으로 칼집을 낸 후 알알이를 만든다.

3. 레몬은 과육이 보일 만큼 꼭지를 잘라 버리고 0.5cm 두께로 슬라이스한 후 씨앗을 제거한다.

TIP 레몬 꼭지에는 쓴맛이 많아 과육이 보일 만큼 잘라 버린다.

4. 2번과 3번을 준비된 볼에 담은 후 유기농설탕에 버무린다.

TIP 준비된 석류와 레몬 무게의 같은 양의 유기농설탕을 넣는다. 석류는 효소가 많아 부글거리거나 과발효될 수 있으니 주의한다.

5. 4번을 소독된 유리병에 넣는다.

TIP 유리병 소독법은 《손경희의 수제청 정리노트》 1권의 17페이지를 참고한다.

6. 실온에 두면서 하루에 한두 번씩 흔들어가면서 유기농설탕이 녹을 때까지 저어준다.

TIP 유리병을 흔들어 줄 때에는 뚜껑을 열어 병 속에 가스를 빼준다. 가스를 빼주지 않으면 과육과 과즙이 흘러넘치거나 심할 경우 유리병이 깨질 수도 있다.

7. 냉장고에서 10일간 숙성 후 완성한다.

석류의 효능

갱년기 여성에게 좋다고 알려진 석류는 여성 호르몬과 유사한 엘라그산(Ellagic acid)이 함유되어 있다. 또 각종 시트르산(Citric acid) 및 비타민 성분도 풍부해 피부 미용, 노화 방지에 도움을 준다.

20.

모과청

모과청 만들기

재료

모과 1개(약 400g), 유기농설탕 320g, 베이킹소다

Recipe

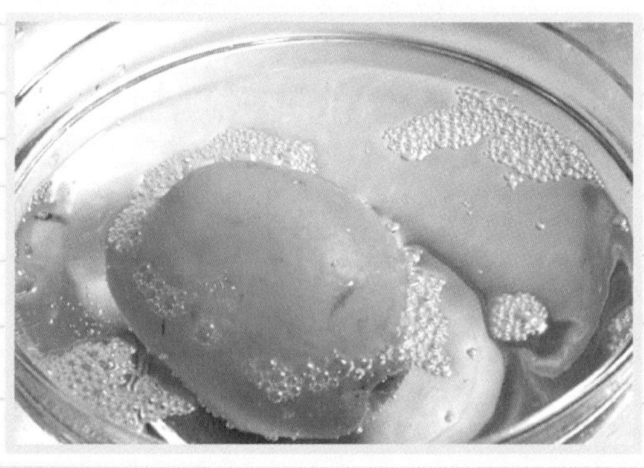

1. 모과를 베이킹소다 푼 물에 담가 세척 후 정수에 헹군다.

TIP 모과는 수분이 적은 과일이라서 겨울에 모과를 구입해 청을 담그는 것보다는 가을에 모과청을 담그는 것을 추천한다.

2. 모과를 반으로 갈라 씨를 빼주고, 2×3cm 크기로 썰어 준다.

TIP 모과는 딱딱하기 때문에 칼로 썰 때 주의한다.

3. 볼에 2번을 넣고 준비된 유기농설탕을 넣어 버무린다.

TIP 준비된 모과 양의 80% 유기농설탕을 사용한다.

4. 3번을 소독된 유리병에 넣는다.

TIP 유리병 소독법은 《손경희의 수제청 정리노트》 1권의 17페이지를 참고한다.

5. 실온에 두면서 하루에 한두 번씩 흔들어가면서 유기농설탕이 녹을 때까지 저어준다.

TIP 유리병을 흔들어 줄 때에는 뚜껑을 열어 병 속에 가스를 빼준다. 가스를 빼주지 않으면 과육과 과즙이 흘러넘치거나 심할 경우 유리병이 깨질 수도 있다.

6. 냉장고에서 2주일간 숙성 후 완성한다.

TIP 모과는 탄닌(Tannin) 성분이 많아 떫은맛이 강해서 2주간 숙성할 때 약 3일에 한 번 정도 병을 앞뒤로 흔들어 주어야 곰팡이가 생기지 않는다.

모과의 효능

잘 익은 모과는 노란색을 띠며 울퉁불퉁하게 생겼다. 향기가 뛰어나고 맛은 떫으며 신맛이 강하다. 향기가 좋아 방향제로도 많이 사용된다. 모과는 소화효소의 분비를 촉진하며, 기침과 가래에 좋고, 기관지염과 폐렴 등 약재로도 사용된다.

21.

마늘청

마늘청 만들기

재료

마늘 500g, 유기농설탕 400g

Recipe

1. 깐 마늘을 정수에 헹궈 준비한다.

2. 마늘을 빻아 준비하거나 다진다.

3. 2번을 유기농설탕과 버무린다.

TIP 준비된 재료 양의 80% 유기농설탕을 사용한다.

4. 3번을 소독된 유리병에 넣는다.

TIP 유리병 소독법은 《손경희의 수제청 정리노트》 1권의 17페이지를 참고한다.

5. 실온에 두면서 하루에 한두 번씩 흔들어가면서 유기농설탕이 녹을 때까지 저어준다.

TIP 유리병을 흔들어 줄 때에는 뚜껑을 열어 병 속에 가스를 빼준다. 가스를 빼주지 않으면 과육과 과즙이 흘러넘치거나 심할 경우 유리병이 깨질 수도 있다.

6. 냉장고에서 3일간 숙성 후 완성한다

마늘의 효능

향기가 강한 마늘은 세계 10대 건강식품으로 선정되었으며, 마늘에 있는 알리신(Allicin)과 함께 유황화합물은 활성산소를 제거하고 항산화작용을 한다.

22.

청량고추청

청량고추청 만들기

재료

청량고추 500g, 유기농설탕 400g

Recipe

1. 청량고추를 정수에 헹궈 준비한다.

2. 청량고추를 1cm 두께로 동글동글 썬다.

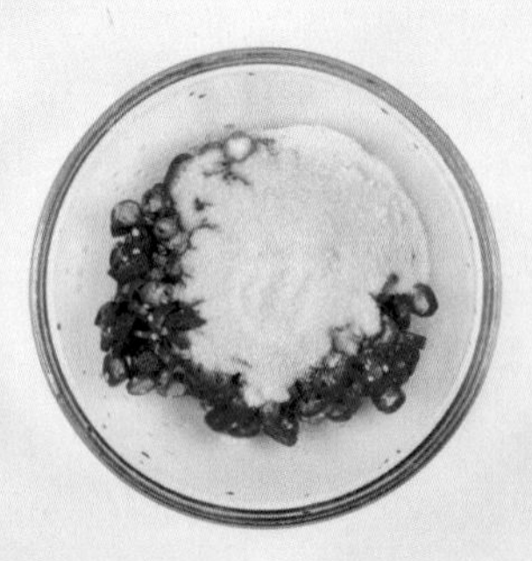

3. 2번을 유기농설탕과 버무린다.

TIP 준비된 재료 양의 80% 유기농설탕을 사용한다.

4. 3번을 소독된 유리병에 넣는다.

TIP 유리병 소독법은 《손경희의 수제청 정리노트》 1권의 17페이지를 참고한다.

5. 실온에 두면서 하루에 한두 번씩 흔들어가면서 유기농설탕이 녹을 때까지 저어준다.

TIP 유리병을 흔들어 줄 때에는 뚜껑을 열어 병 속에 가스를 빼준다. 가스를 빼주지 않으면 과육과 과즙이 흘러넘치거나 심할 경우 유리병이 깨질 수도 있다.

6. 냉장고에서 3일간 숙성 후 완성한다

청량고추의 효능

매운 맛이 강한 청량고추는 비타민C와 캡사이신(Capsaicin)이 풍부해 비타민C의 산화를 막아주며, 피로 회복이나 활력 보충에 좋다.

3장

저당을 원하는 당신에게, 콩포트 정리노트

MASON

“

변화의 시작

”

허밍테이블을 무학산 자락으로 옮긴 후부터는 사업의 방향을 완전 바꾸기 시작했다. 신세계백화점, 갤러리아백화점, 대구백화점 대백프라자와의 계약은 물론, 각종 박람회까지 내가 할 수 있는 최대한 온 힘을 쏟아부어 오프라인에서 허밍테이블을 알리고 홍보했다. 고객을 직접 만나고 시식 행사도 했으며, 많은 고객의 소리도 직접 들을 수 있어서 좋은 점이 있었다. 그래서 오프라인의 장점들을 정리해 온라인 스토어로 가지고 오는 것으로 방향성을 바꾸기로 결정했다.

온라인으로 판매할 수 있는 사이트는 무궁무진하다. 가장 기본적으로는 홈페이지와 스마트스토어를 시작으로 쿠팡, 위메프, G마켓, 옥션, SSG닷컴 등 채널은 손으로 꼽을 수 없을 만큼 많았다. 온라인 쇼핑몰에 하나씩 하나씩 허밍테이블의 제품을 입점시키기 시작했다. 제품 상세 페이지에는 이제까지의 허밍테이블의 발자취를 정리했으며, 허밍테이블의 이야기를 담았다. 약 1년 이상 온라인 쇼핑몰에서 판매를 했는데, 시간이 지나자 조금조금 매출이 늘어나는 것이 보이기 시작했다.

매출이 조금씩 오르는 것을 느낄 쯤, 2020년 1월에 코로나19 바이러스가 조금씩 이슈가 되기 시작하더니 2월의 대구는 코로나19로 인해 암흑의 도시로 바뀌기 시작했다. 아주 많이 공포스러웠으며, 외부와 단단히 차단된 채 하루하루를 버텼다. 그사이 지인들이 잘 지내고 있냐는 안부 전화가 하나둘 오기 시작했다. 대구 사람들은 다른 지역의 사람들을 만나는 것조차 두려워했다. 그 가운데 제조업장이 대구라는 이유로 온라인 주문을 취소하는 고객까지 발생했다. 타 도시에서 대구가 두려움의 대상이 된 것은 충분히 이해가 되었다. 그렇기에 나와 가족, 직원들은 더욱더 외부와 단절된 생활을 할 수밖에 없었다. 택배 기사분은 허밍테이블의 제품 픽업 시 창고에 있는 제품을 가지고 가야 했으며, 대화는 전화로만 가능하게 했다. 직원의 대중교통 이용은 물론, 각종 모임까지 우리 스스로가 모두 차단했다. 이 공포는 과연 어디까지, 언제까지 갈 것인지 막연했다.

그렇게 시간을 보내던 어느 날, 갑자기 온라인 각종 몰에서 주문이 늘어나기 시작했다. 이제까지 쌓아 놓은 제품들이 판매되기 시작한 것이다. 허밍테이블의 매출은 고정적인 카페 납품 매출(오프라인)과 온라인 매출로 나뉜다. 코로나19로 인해 카페 납품 매출이 거의 들어오지 않았는데, 1년 전부터 준비해놓은 각종 온라인 쇼핑몰에서 매출이 늘어나기 시작했다. 안도의 한숨을 쉬었다. 이 또한 정말 감사한 일이 아닌가?

한 분 한 분 너무 감사하고 소중한 고객님들이기에 수제청 제품과 함께 감사의 마음을 담은 메모를 적어 보내기 시작했다.

생강청
도라지배청
레몬청

1.

대추고

대추고 만들기

재료

건대추 500g, 유기농설탕 50g, 꿀 25g

Recipe

1. 건대추를 정수에 비벼 가면서 빠르게 세척한다.

TIP 건대추가 물을 빠르게 흡수하기 때문에 세척을 빨리 하는 게 중요하다.

2. 세척한 대추를 정수 3kg에 불린다.

3. 정수에 불린 대추를 센 불에 끓인 후 중불과 약불을 바꾸어가면서 손으로 대추가 으깨어질 때까지 삶는다.

4. 3번을 채에 올려 대추를 으깬다.

5. 대추를 으깰 때는 삶은 물을 부어가면서 과육과 껍질을 분리한다.

6. 껍질은 버리고 걸러진 과육을 냄비에 넣고 졸인다.

7. 뻑뻑한 상태가 되면 유기농설탕과 꿀을 넣고 다시 한번 졸여 소독된 유리병에 넣어 완성한다.

TIP 유리병 소독법은 《손경희의 수제청 정리노트》 1권의 17페이지를 참고한다.

2.

생강고

생강고 만들기

재료

생강 800g, 유기농설탕 300g

Recipe

1. 생강 껍질을 벗긴 후 정수에 헹궈 준비한다.

TIP 생강은 햇생강보다는 11월 중순 이후의 생강이 좋다. 햇생강은 수분 함유량이 많아 맛이 좋지 못하며, 11월 이후가 되면 토굴에 한 번 저장한 생강이 출하되는데, 이 생강이 생강청이나 생강고 만들기에 적당하다.

2. 생강을 착즙기에 착즙해 건더기와 즙을 분리한다.

3. 즙을 냄비에 넣은 후 중불에서 약불로 해가면서 졸인다.

4. 조금 끈적해지면 유기농설탕을 넣고 다시 한번 더 졸여 소독된 유리병에 넣어 완성한다.

TIP 유리병 소독법은 《손경희의 수제청 정리노트》 1권의 17페이지를 참고한다.

3.

망고 콩포트

망고 콩포트 만들기

재료

냉동망고 700g, 유기농설탕 140g, 레몬 1/2개

Recipe

1. 냉동망고를 2×2cm 크기로 자른다.

2. 볼에 1번을 넣고 유기농설탕을 넣는다.

TIP 수분이 나올 때까지 기다린다.

3. 냄비에 2번을 넣고 중불에서 약불로 조절하면서 뭉근히 끓인다.

4. 3번이 졸여지면 레몬즙을 넣고 다시 한번 끓여 소독된 유리병에 넣어 완성한다.

TIP 유리병 소독법은 《손경희의 수제청 정리노트》 1권의 17페이지를 참고한다.

4.

블루베리 콩포트

블루베리 콩포트 만들기

재료

냉동블루베리 700g, 유기농설탕 140g, 레몬 1/2개

Recipe

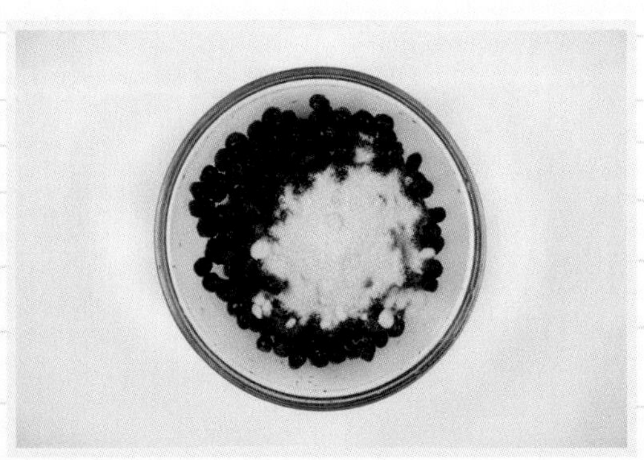

1. (냉동)블루베리를 준비한다.

TIP 냉동보다는 생과일이 훨씬 풍미가 좋으며, 생과일을 사용할 때는 즙이 잘 나오지 않기 때문에 블루베리를 조금 으깨어 사용한다.

2. 볼에 1번을 넣고 유기농설탕을 넣는다.

TIP 수분이 나올 때까지 기다린다.

3. 냄비에 2번을 넣고 중불에서 약불로 조절하면서 뭉근히 끓인다.

4. 3번이 졸여지면 레몬즙을 넣고 다시 한번 끓여 소독된 유리병에 넣어 완성한다.

TIP 유리병 소독법은 《손경희의 수제청 정리노트》 1권의 17페이지를 참고한다.

5.

복숭아 콩포트

복숭아 콩포트 만들기

재료

복숭아 2개(450g), 유기농설탕 90g, 정수 140g, 레몬1/2개, 베이킹소다

Recipe

1. 복숭아를 베이킹소다 푼 물에 세척 후 헹궈 준비한다.

2. 복숭아 껍질을 깎은 후 복숭아를 적당한 크기로 자른다.

3. 볼에 복숭아를 넣고 유기농설탕을 넣은 후 잠시 둔다.

4. 냄비에 정수를 넣고 끓인 후 3번과 레몬즙을 넣고 약불에서 조린다.

TIP 2개월 이상 장기 보관을 원할 경우 끓이고 식히고를 3회 반복한다.

5. 완성된 복숭아 콩포트를 소독된 유리병에 넣어 완성한다.

TIP 유리병 소독법은 《손경희의 수제청 정리노트》 1권의 17페이지를 참고한다.

6.

파인애플 콩포트

파인애플 콩포트 만들기

재료

파인애플 500g, 유기농설탕 100g, 레몬즙1/2, 정수 150g, 베이킹소다

Recipe

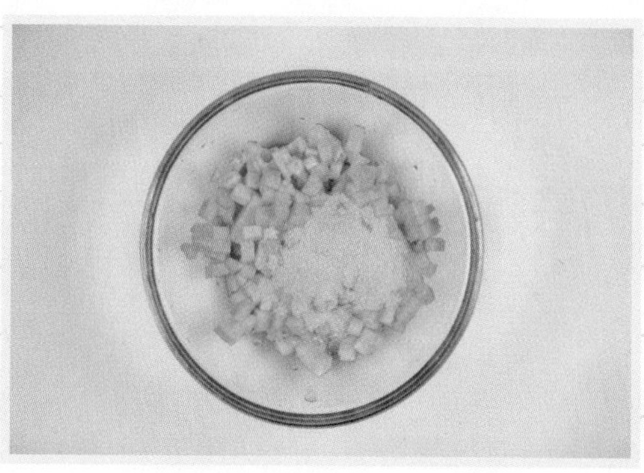

1. 파인애플을 베이킹 소다 푼 물에 세척 후 헹궈 준비한다.

2. 파인애플 껍질을 자른 후 2×2cm 크기로 깍둑썰기 한다.

3. 볼에 파인애플을 넣고 유기농설탕을 넣은 후 잠시 둔다.

4. 냄비에 정수를 넣고 끓인 후 3번과 레몬즙을 넣고 약불에서 조린다.

TIP 2개월 이상 장기 보관을 원할 경우 끓이고 식히고를 3회 반복한다.

5. 완성된 복숭아 콩포트를 소독된 유리병에 넣어 완성한다.

TIP 유리병 소독법은 《손경희의 수제청 정리노트》 1권의 17페이지를 참고한다.

7.

시나몬애플 콩포트

시나몬애플 콩포트 만들기

재료

사과 3개(500g), 유기농설탕 100g, 시나몬 가루 5g, 정수 300g, 베이킹소다

Recipe

1. 사과를 베이킹소다 푼 물에 세척 후 헹궈 준비한다.

2. 사과를 3×2cm 크기로 깍둑썰기 한다.

3. 볼에 사과를 넣고 유기농설탕, 시나몬 가루를 넣은 후 잠시 둔다.

4. 냄비에 정수를 넣고 끓인 후 3번을 넣고 약불에서 조린다.

TIP 2개월 이상 장기 보관을 원할 경우 끓이고 식히고를 3회 반복한다.

5. 완성된 시나몬애플 콩포트를 소독된 유리병에 넣어 완성한다.

TIP 유리병 소독법은 《손경희의 수제청 정리노트》 1권의 17페이지를 참고한다.

8.

제주귤 콩포트

제주귤 콩포트 만들기

재료

귤 5개(500g), 유기농설탕 100g, 레몬1/2개, 베이킹소다

Recipe

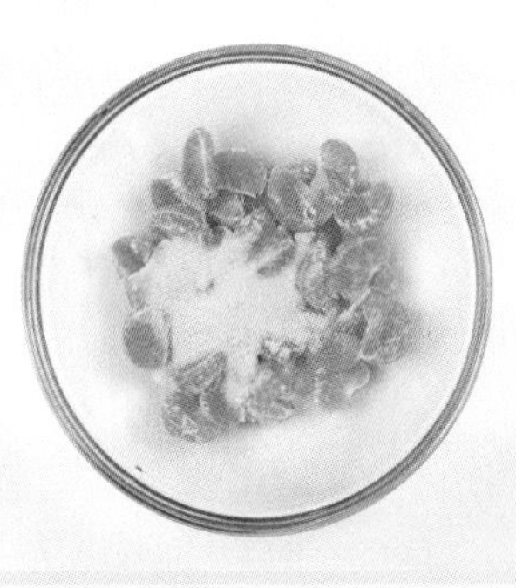

1. 귤을 베이킹소다 푼 물에 세척 후 헹궈 준비한다.

2. 귤을 껍질을 제거하고 하나씩 분리한다.

3. 볼에 귤을 넣고 유기농설탕, 레몬즙을 넣은 후 잠시 둔다.

4. 냄비에 정수를 넣고 끓인 후 3번을 넣고 중불과 약불에서 조린다.

TIP 2개월 이상 장기 보관을 원할 경우 끓이고 식히고를 3회 반복한다.

5. 완성된 귤 콩포트를 소독된 유리병에 넣어 완성한다.

TIP 유리병 소독법은 《손경희의 수제청 정리노트》 1권의 17페이지를 참고한다.

9.

딸기 콩포트

딸기 콩포트 만들기

재료

딸기 500g, 유기농설탕 100g, 레몬1/2개

Recipe

1. (냉동)딸기를 2×2cm 크기로 깍둑썰기 한다.

TIP 생딸기를 사용하면 훨씬 풍미가 좋다. 냉동딸기를 이용 시 세척된 것과 세척이 안 된 것이 있다. 설명서를 잘 읽어 본 후 세척 여부를 결정한다.

2. 볼에 딸기를 넣고 유기농설탕과 레몬즙을 넣고 수분이 나올 때까지 기다린다.

3. 냄비에 3번을 넣고 중불과 약불을 오가면서 졸인다.

TIP 2개월 이상 장기 보관을 원할 경우 끓이고 식히고를 3회 반복한다.

4. 완성된 귤 콩포트를 소독된 유리병에 넣어 완성한다.

TIP 유리병 소독법은 《손경희의 수제청 정리노트》 1권의 17페이지를 참고한다.

4장

집에서도 카페처럼,
홈카페 정리노트

“

경산 대추밭집 둘째딸이 고은 대추고

”

중년의 한 남자분에게서 전화가 왔다. 허밍테이블 홈페이지에서 주문한 대추고가 언제 도착하냐는 다급한 전화였다. 택배사의 송장 번호를 확인해보니 제품은 오늘 도착 예정을 알리고 있었다. 그렇게 안내를 하자 그분은 안도의 한숨을 내쉬며 말했다.

“○호텔에서 대추차를 원해서 여러 회사 제품의 대추고를 주문해 셰프들이 모인 자리에서 품평회가 있을 예정이에요. 만약 허밍테이블의 대추고가 최고의 맛 평가를 받게 된다면 ○호텔에 납

품하게 될 거예요."

셰프들이 시음을 한다고 하니 조금은 긴장이 되었다. 나는 좋은 결과를 기대한다고 말을 남긴 뒤 전화를 끊었다.

내 고향은 우리나라에서 최대 대추 생산량을 자랑하는 경산이다. 나의 아버지는 대추 농부셨다. 그렇기에 경산 대추로 만든 '손경희의 대추고'에 대한 애정은 남다르다. 하지만 어릴 때 유명하다고 생각했던 경산 대추는 실제로 그렇지 않았다. 경산 대추는 정말 당도도 높고 맛있는데 말이다. 그래서 대추고를 통해 경산 대추를 더욱 알리고 싶었다. 경산 대추가 유명해지길 바라고, 추후 경산 대추로 만든 대추고를 수출까지 하길 원한다. 만약 셰프들이 손경희의 대추고를 선택하게 된다면 또 한번 대추고의 맛을 인정받는 것은 물론, 경산 대추를 알리는 일이 되기 때문이다.

…

중년 남자분과 통화 후 몇 주가 지났다.

나는 서울 종로에 있는 특급 호텔에 대추고를 납품하게 되었으며, 이제는 호텔 고객분들의 평가를 기다리고 있는 중이다.

1.

대추생강배차

대추와 생강, 배의 조화가 잘 어울리는 대추생강배청은 하루 종일 우려 차로 마셔도 좋다.

재료

대추생강배청 50g, 끓인 물 200g

Recipe

1. 대추생강배청을 차호에 넣은 후 끓인 물을 넣어 우린다.

2. 찻잔에 부어 가면서 마신다.

TIP 차호에 남은 건더기는 끓인 물을 부어 가면서 여러 번 우려 마신다.

2.

진저레몬 에이드

생강이 알싸하게 매울 것 같지만, 은은한 생강 향과 상큼한 레몬 향이 잘 어울린다. 무더운 여름날 마시기 좋은 에이드다.

재료

진저레몬청 40g, 탄산수 160g, 각얼음

Recipe

1. 예쁜 잔에 진저레몬 청을 넣는다.

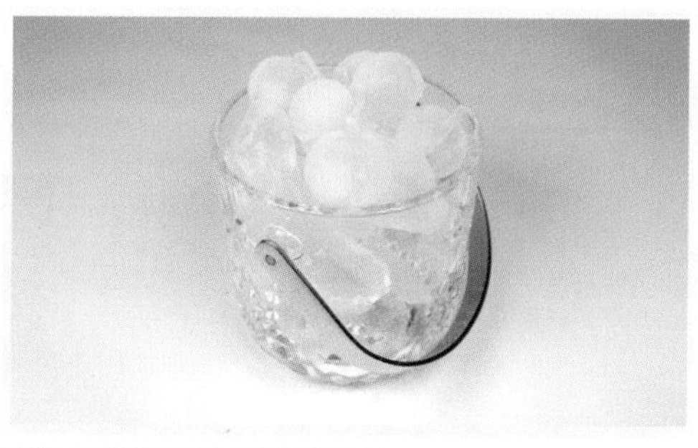

2. 잔에 얼음을 가득 채운다.

3. 탄산수를 넣는다.

4. 허브 잎과 슬라이스 레몬으로 장식해 마무리한다.

3.

진저자몽차

호불호가 확실하게 갈리는 자몽이지만, 생강과 함께라면 더없이 좋은 차다.

재료

진저자몽청 40g, 따뜻한 물 160g, 건조자몽

Recipe

1. 찻잔에 진저자몽청을 넣는다.

2. 따뜻한 물을 넣어 저어준다.

3. 건조자몽을 1/2개 올려 완성한다.

TIP 건조자몽을 만드는 방법은 《손경희의 수제청 정리노트》 1권 172~174페이지를 참고한다.

4.

스피아민트방울토마토 에이드

방울토마토의 쫄깃한 식감을 즐기면서 부족한 향기는 스피아민트로 한 번 더 올려준다.

재료

방울토마토청 40g, 탄산수 160g, 각얼음, 스피아민트

Recipe

1. 투명한 유리잔에 방울토마토청을 넣는다.

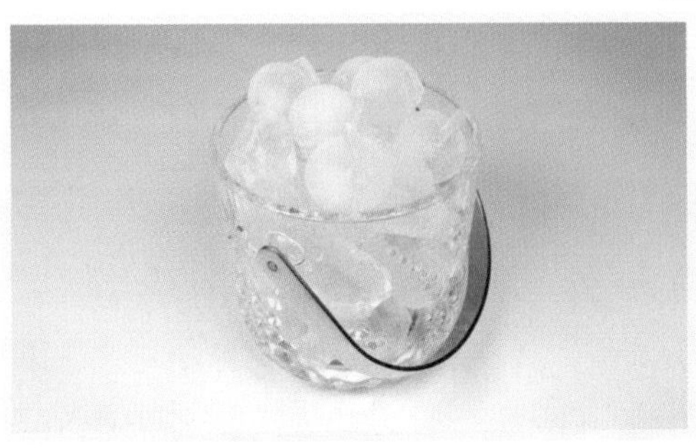

2. 잔에 얼음을 가득 채운다.

3. 탄산수를 넣는다.

4. 스피아민트를 빻아 향을 올려 넣어 저어준다.

5. 스피아민트와 방울토마토를 위로 올려 완성한다.

5.

트로피컬프루트 빙수

트로피컬프루트청만 있다면 언제든지 한여름에 손쉽고, 맛있게 과일 빙수를 즐길 수 있다.

재료

트로피컬프루트청 60g, 얼린 우유 200ml 1팩

1. 얼린 우유를 믹서에 갈아 준비한다.

TIP 믹서에 갈아지지 않을 경우 칼로 긁어 준비한다.

2. 빙수 그릇에 1번을 쌓아 올린다.

3. 트로피컬프루트청을 올려 완성한다.

6.

미나리말차 에이드

미나리 향기와 말차의 쌉싸래한 맛을 입안 가득 느껴보자.

재료

미나리청 40g, 말차 1g, 정수 160g, 각얼음

Recipe

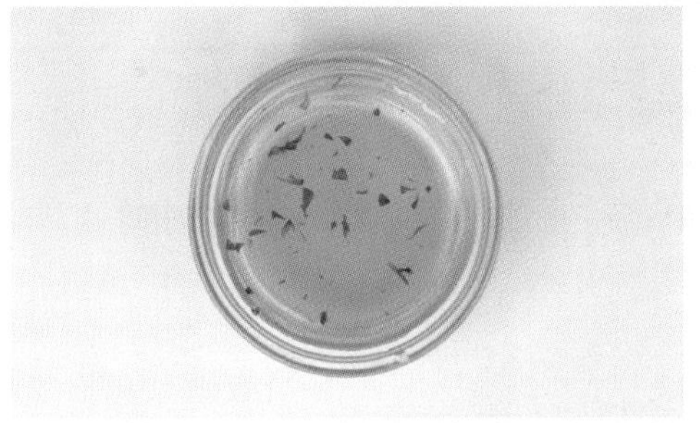

1. 말차에 정수를 넣고 푼다.

2. 투명한 유리잔에 말차와 미나리청을 넣는다.

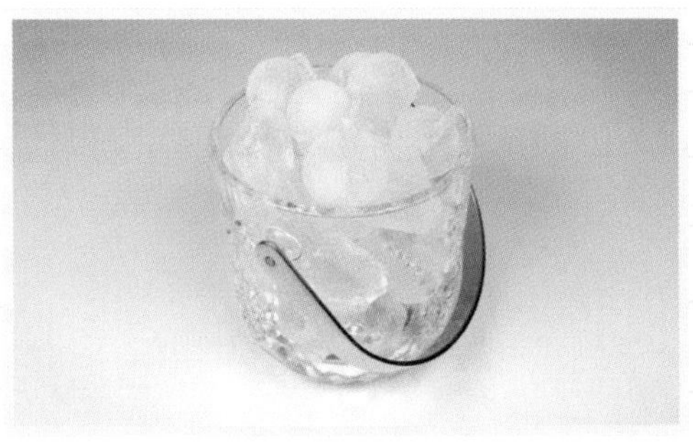

3. 각얼음을 채운다.

4. 저어준 후 빨대를 꽂아 완성한다.

7.

청귤 사이다

풋풋한 청귤은 묘한 매력이 있다. 사이다의 톡 쏘는 맛과 함께라면 누구나 즐길 수 있는 맛이다.

재료

청귤청 40g, 사이다 160g, 각얼음, 허브 잎

Recipe

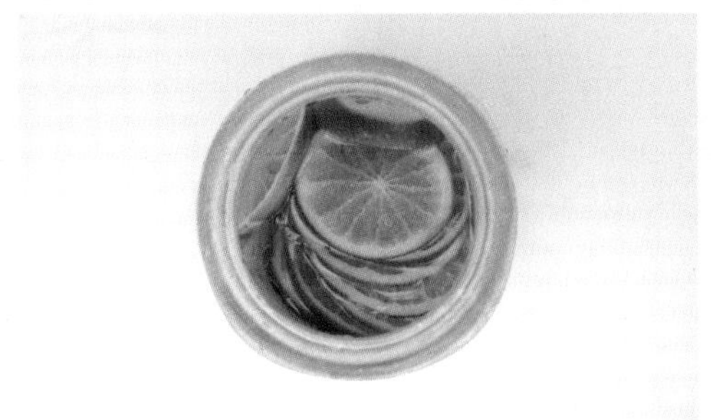

1. 투명한 유리잔에 청귤청을 넣는다.

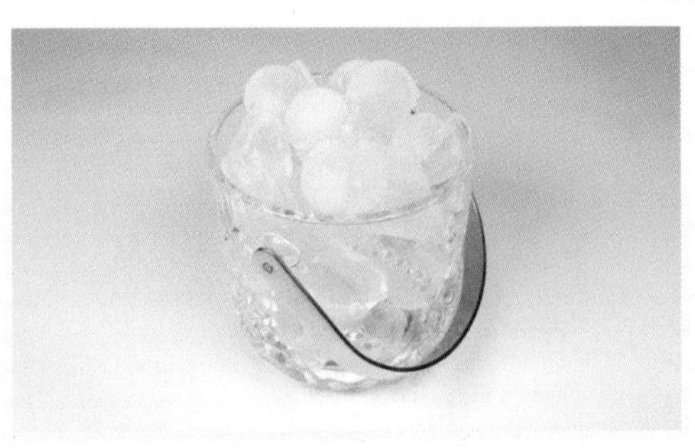

2. 각얼음을 가득 채운다.

3. 사이다를 넣는다.

4. 잘 저어준 후 허브로 장식한다.

8.

청귤오렌지차

상큼한 청귤과 기분 좋은 향기가 일품인 오렌지를 블랜딩한 청귤오렌지차다. 오늘 하루는 기분 좋은 향기가 나는 차와 시작하자.

재료

청귤오렌지청 40g, 따뜻한 물 160g

Recipe

1. 찻잔에 청귤오렌지 청을 넣는다.

2. 따뜻한 물을 넣는다.

3. 청귤과 오렌지를 눌러 가면서 향을 올려 완성한다.

9.

오렌지레몬 에이드

기분 좋은 향기에 새콤한 레몬과 달콤함이 가득한 오렌지레몬 에이드다.

재료

오렌지레몬청 40g, 정수 160g, 각얼음, 장식용 허브

Recipe

1. 투명한 유리잔에 오렌지레몬청을 넣는다.

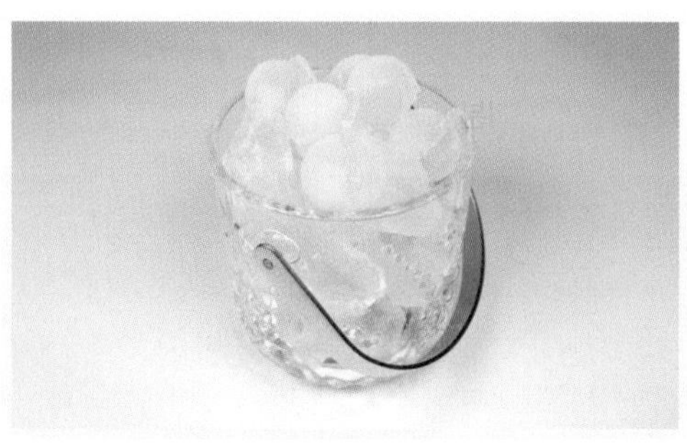

2. 각얼음을 가득 채운다.

3. 정수를 넣은 뒤 잘 저어준 후 허브 잎을 올려 완성한다.

10.

블루베리오디 요거트

부드러운 요거트와 상큼한 블루베리오디청이 조화를 이룬다. 한 끼를 해결해줄 것 같은 든든한 포만감이 있다.

재료

블루베리오디청 40g, 플레인요거트 80g, 귀리분말 30g, 통귀리 30g, 장식용 허브

Recipe

1. 투명한 잔에 플레인 요거트를 넣는다.

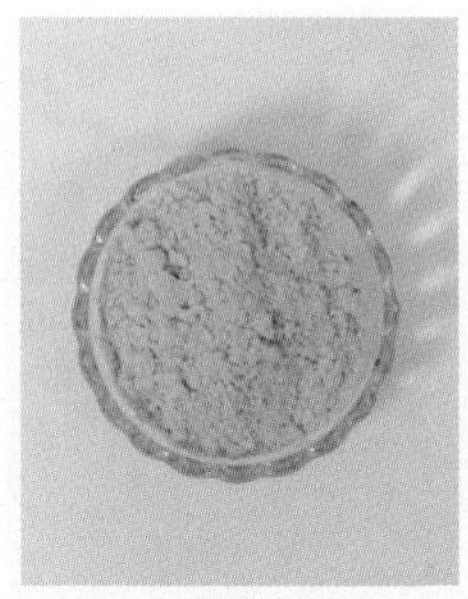

2. 블루베리오디청을 넣은 후 다시 플레인요거트를 넣는다.

3. 귀리분말과 통귀리를 넣는다.

4. 남은 블루베리오디청을 토핑으로 올리고 허브를 올려 완성한다.

11.

체리콕

체리청의 쫄깃한 체리 식감을 느낄 수 있다. 체리청은 빵에 발라 잼 대용으로도 좋지만, 오늘은 콜라와 함께 체리콕 어떨까?

재료

체리청 40g, 콜라 1캔, 각얼음, 장식용 허브

Recipe

1. 투명한 잔에 체리청을 넣는다.

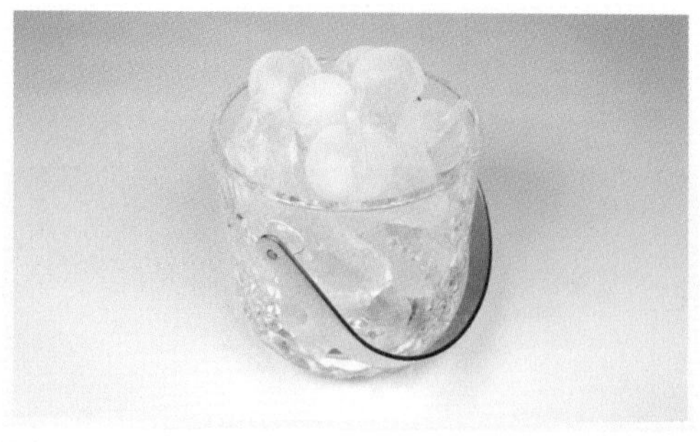

2. 각얼음을 가득 채운다.

3. 콜라를 넣어 저어준다.

4. 장식용 허브와 빨대를 꽂아 완성한다.

12.

체리레몬차

달콤한 체리와 새콤한 레몬을 넣어 숙성해 깊은 맛을 내는 상큼한 체리레몬차다.

재료

체리레몬청 40g, 따뜻한 물 160g

Recipe

1. 찻잔에 체리레몬청을 넣는다.

2. 따뜻한 물을 넣은 후 레몬을 눌러 향을 올려 완성한다.

13.

애플망고복숭아 에이드

애플망고청은 그냥 먹어도 맛있다. 쫄깃한 애플망고와 부드러운 복숭아의 조화가 돋보이는 에이드다. 신맛이 싫고 마냥 부드러운 맛을 즐기고 싶을 때 추천한다.

재료

애플망고복숭아청 40g, 탄산수 160g, 각얼음, 장식용 허브

Recipe

1. 투명한 잔에 애플망고복숭아청을 넣는다.

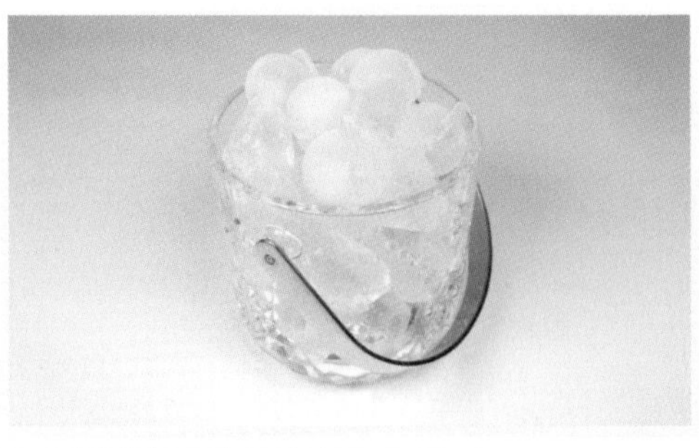

2. 각얼음을 가득 채운다.

3. 탄산수를 넣어 저어준다.

4. 장식용 허브로 완성한다.

14.

페퍼민트수박 에이드

수박의 아삭함과 향기, 페퍼민트의 조화로움은 상상 그 이상의 선물 같은 에이드다.

재료

수박청 40g, 탄산수 160g, 각얼음, 페퍼민트

Recipe

1. 투명한 잔에 수박청을 넣는다.

2. 페퍼민트를 볼에 담아 눌러 향을 올려 1번에 넣는다.

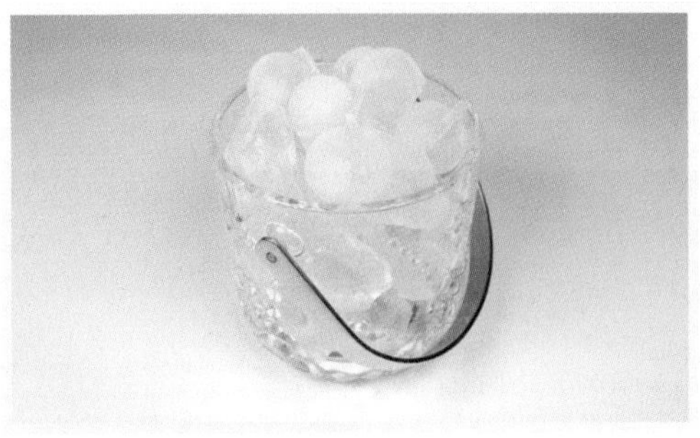

3. 각얼음을 가득 채운다.

4. 탄산수를 넣어 저어준다.

5. 페퍼민트를 올려 완성한다.

15.

꿀도라지귀리 라떼

쓴맛이 싫어 먹기 싫은 도라지이지만, 도라지의 쓴맛은 느낄 수 없는 라떼다. 첫맛은 도라지의 향긋함이 느껴지고, 뒷맛은 꿀의 부드러움과 우유 거품이 한입 가득 들어온다. 귀리의 고소함이 한 번 더 마무리해주는 라떼다.

재료

꿀도라지청 40g, 우유 160g, 귀리분말

1. 찻잔에 꿀도라지청을 넣는다.

2. 우유를 데워 거품과 함께 올려준다.

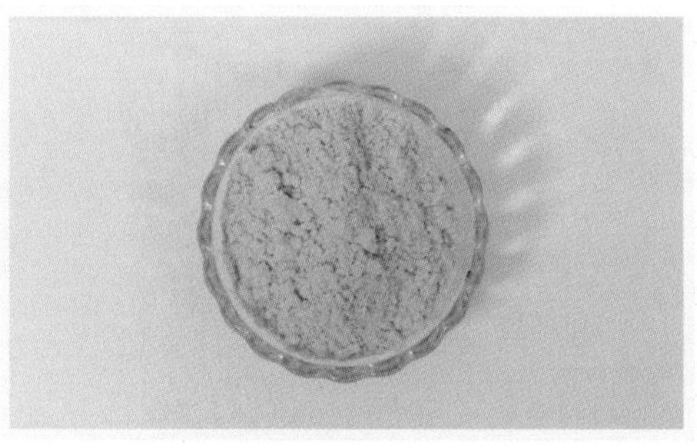

3. 귀리분말로 토핑해 완성한다.

16.

자몽오렌지레몬차

루비 빛깔의 아름다움을 느낄 수 있는 자몽과 향기로운 오렌지, 상큼 새콤한 레몬을 한입에 느낄 수 있다.

재료

자몽오렌지청 40g, 따뜻한 물160g, 건조자몽

1. 찻잔에 자몽오렌지 청을 넣는다.

2. 따뜻한 물을 넣은 후 자몽과 오렌지를 눌러 향을 올려준다.

3. 건조자몽을 올려 완성한다.

TIP 건조자몽을 만드는 방법은 《손경희의 수제청 정리노트》 1권 172~174페이지를 참고한다.

17.

파인애플키위 에이드

향기가 부족할 것 같지만, 첫맛에서 파인애플 향기가 묻어난다.
바스락 씹히는 쫄깃한 키위까지 묘한 매력의 에이드다.

재료

파인애플키위청 40g, 탄산수 160g, 각얼음, 건조키위, 건조파인애플

Recipe

1. 투명한 잔에 파인애플키위청을 넣는다.

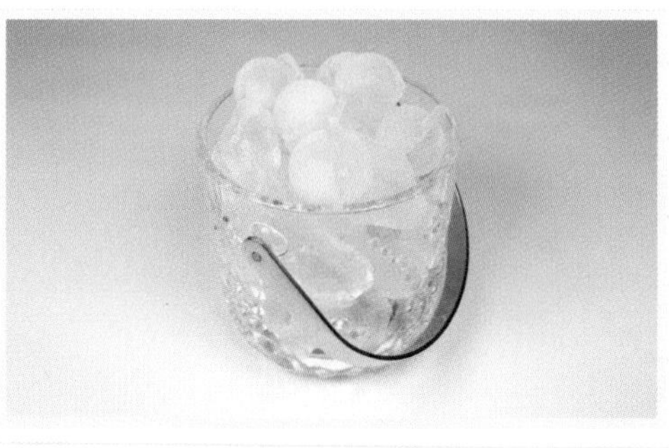

2. 각얼음을 가득 채운다.

3. 탄산수를 넣어 저어준다.

4. 건조키위와 건조파인애플을 올려 완성한다

TIP 《손경희의 수제청 정리노트》 1권의 건조키위(154~156페이지)와 건조파인애플(157~159페이지) 만드는 방법을 참고한다.

18.

석류레몬차

여성이라면 한 번은 꼭 찾게 되는 석류와 레몬밤 그리고 레몬을 한꺼번에 즐겨보자.

재료

석류레몬청 40g, 레몬밤 1g, 따뜻한 물 160g, 건조레몬

1. 따뜻한 물에 레몬밤을 우린다.

2. 찻잔에 석류레몬청을 넣는다.

3. 2번에 1번을 넣은 후 저어준다.

4. 건조레몬을 올려 완성한다.

TIP 건조레몬을 만드는 방법은 《손경희의 수제청 정리노트》 1권 148~150페이지를 참고한다.

19.

모과차

모과를 방향제로만 사용했다면 이제 모과청으로 1년 내내 행복한 모과차를 즐겨보자. 한번 마시면 푹 빠질 차다.

재료

모과청 40g, 따뜻한 물 160g

Recipe

1. 찻잔에 모과청을 넣는다.

2. 따뜻한 물을 넣은 후 저어준다.

20.

대추 라떼

대추의 진한 맛에 부드러운 우유의 조화로 날로 인기가 높아지는 카페 메뉴 중 하나다. 오늘은 홈카페로 즐겨보자.

재료

대추고 50g, 우유 150g, 대추칩

Recipe

1. 찻잔에 대추고를 넣는다.

2. 우유를 데워 거품과 함께 올려준다.

3. 건조대추로 토핑해 완성한다.

21.

망고 요거트

부드러운 망고와 담백한 플레인요거트는 참 잘 어울린다. 고소한 귀리까지 한몫하는 요거트다.

재료

망고 콩포트 40g, 플레인요거트 80g, 귀리분말 30g, 통귀리 30g, 장식용 허브

Recipe

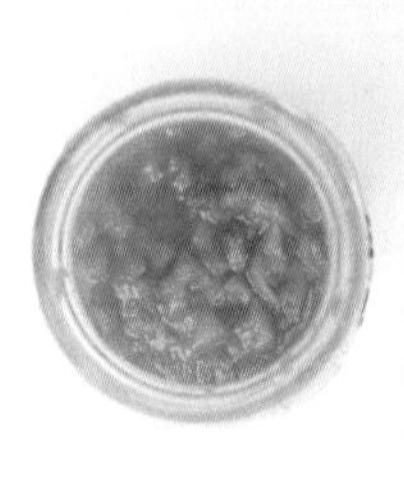

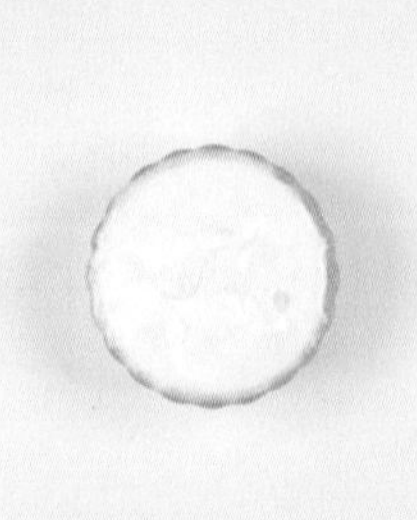

1. 투명한 잔에 망고 콩포트를 넣는다.

2. 1번 위에 플레인요거트를 넣는다.

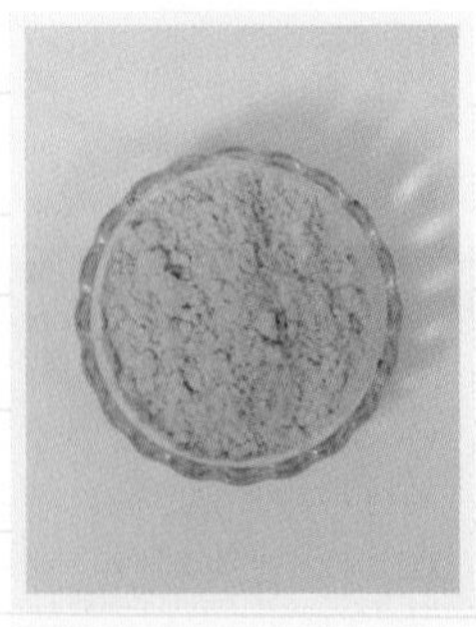

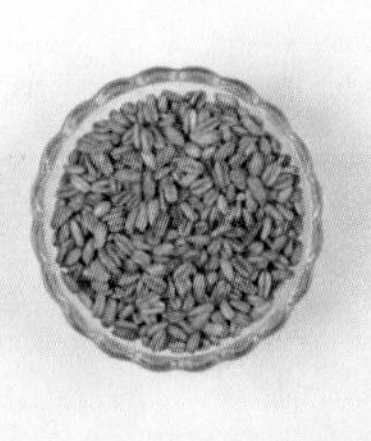

3. 2번 위에 귀리분말과 통귀리를 넣는다.

4. 또다시 플레인요거트를 올린다.

5. 귀리분말과 통귀리를 또 넣고, 망고 콩포트를 올린 후 허브로 장식해 완성한다.

22.

블루베리요거트 스무디

디지털 세상에 사는 당신의 눈에 좋은 블루베리로 요거트 스무디를 만들어보자.

재료

블루베리 콩포트 60g, 각얼음 80g, 플레인요거트 50g

Recipe

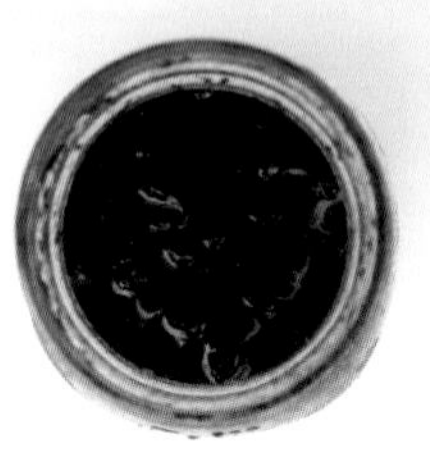

1. 믹서에 블루베리 콩포트, 플레인요거트, 각얼음을 넣어 갈아준다.

2. 투명한 잔에 담은 후 빨대를 꽂아 완성한다.

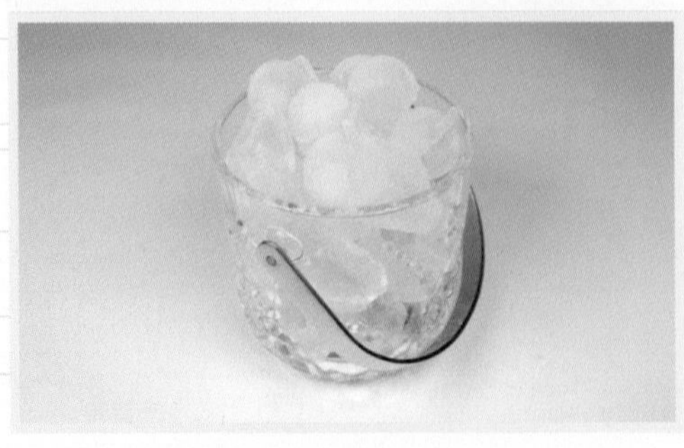

23.

복숭아 빙수

한여름 그냥 먹어도 맛있는 복숭아 콩포트를 시원한 우유 빙수와 함께 즐겨보자.

재료

복숭아 콩포트, 딸기 콩포트, 얼린 우유 200ml 1팩

Recipe

1. 얼린 우유를 믹서에 갈아 준비한다.

TIP 믹서에 갈리지 않을 경우 칼로 긁어 준비한다.

2. 빙수 그릇에 1번을 쌓아 올린다.

3. 복숭아 콩포트와 딸기 콩포트를 올려 완성한다.

24.

딸기 우유

딸기와 우유의 조화로움은 두말하면 잔소리다. 자주자주 먹고 싶은 맛이다.

재료

딸기 콩포트 50g, 우유 150ml

Recipe

1. 투명한 잔에 딸기 콩포트를 넣는다.

2. 우유를 부어 완성한다.

25.

생강 라떼

알싸한 생강과 부드러운 우유를 함께 먹는 것만으로도 건강해지는 느낌이 드는 라떼다.

재료

생강고 20g, 우유 200ml, 시나몬분말

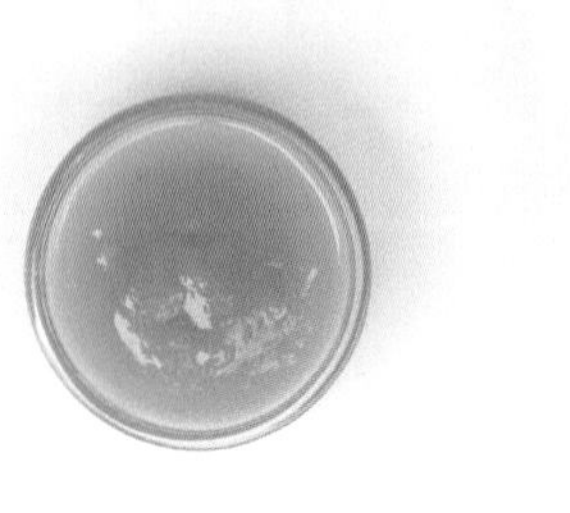

1. 찻잔에 생강고를 넣는다.

2. 우유를 데워 거품과 함께 1번에 담는다.

3. 시나몬분말을 뿌려 완성한다.

26.

애플시나몬그레놀라 요거트

애플시나몬과 그레놀라 그리고 플레인요거트의 조화로움은 먹어 보지 않고는 말할 수 없는 감동적인 맛이다.

재료

애플시나몬 콩포트 40g, 플레인요거트 80g, 그레놀라 30g

Recipe

1. 투명한 잔에 플레인 요거트를 넣는다.

2. 1번 위에 애플시나몬 콩포트를 넣는다.

3. 2번 위에 플레인요거트를 넣는다.

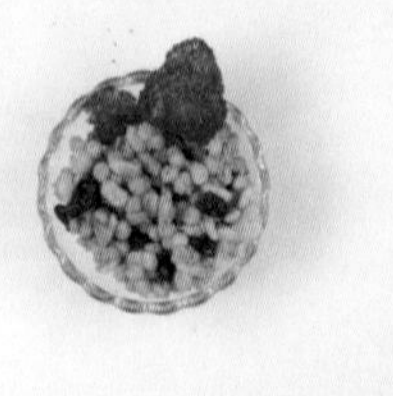

4. 3번 위에 애플시나몬 콩포트와 그레놀라를 올려 완성한다.

27.

페퍼민트애플라임 에이드

파란 색감만 봐도 눈이 막 시원해질 것 같은 라임과 풋사과의 사랑스러운 맛이다.

재료

애플라임청 40g, 탄산수 160g, 페퍼민트, 얼음, 건조라임

Recipe

1. 투명한 잔에 애플라임청을 넣는다.

2. 페퍼민트를 눌러 향을 올린 후 넣어준다.

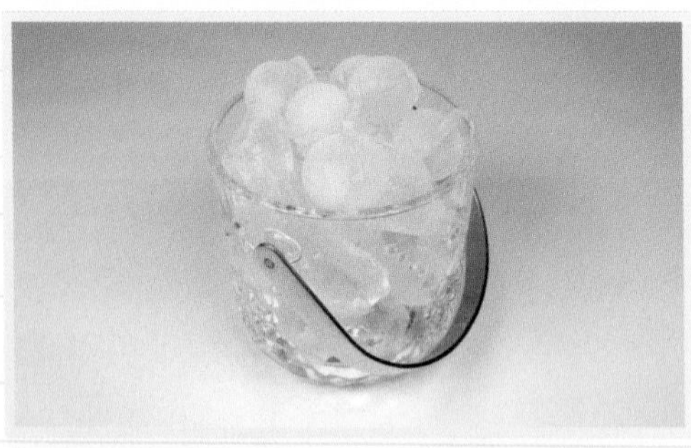

3. 각얼음을 가득 채운다.

4. 탄산수를 넣어 저어준다.

5. 건조라임을 올려 완성한다.

TIP 건조라임을 만드는 방법은 《손경희의 수제청 정리노트》 1권 148~150페이지 건조레몬을 만드는 방법과 동일하다.

28.

레드청귤 에이드

제주도에서 갓 올라온 푸른 청귤과 비트를 눈으로 즐기고, 청귤의 향기를 즐길 수 있는 에이드다.

재료

청귤청 40g, 탄산수 160g, 각얼음, 건조비트

Recipe

1. 비트를 따뜻한 물에 우려 진하게 색을 우려 낸다.

TIP 건조비트를 만드는 방법은 《손경희의 수제청 정리노트》 1권 163~165페이지를 참고한다.

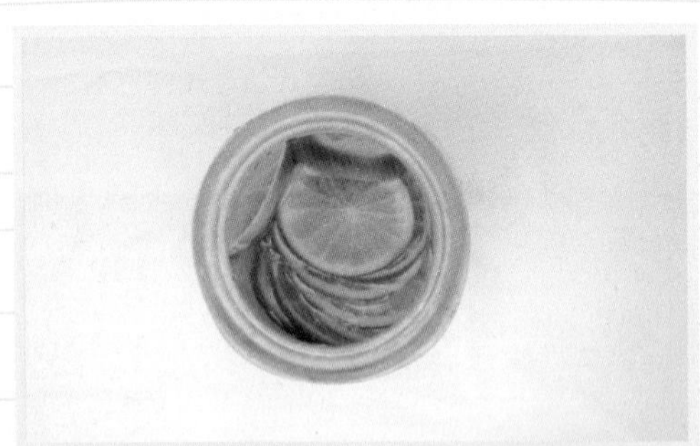

2. 투명한 잔에 청귤청을 넣는다.

3. 각얼음을 가득 채운다.

4. 탄산수를 넣어 저어 준다.

29.

딸기 요거트

달지 않은 건강함을 원할 때 딸기 콩포트와 플레인요거트를 넣어 즐겨보자.

재료

딸기 콩포트 40g, 플레인요거트 80g, 귀리분말 30g, 통귀리 30g, 장식용 허브

Recipe

1. 투명한 잔에 플레인 요거트를 넣는다.

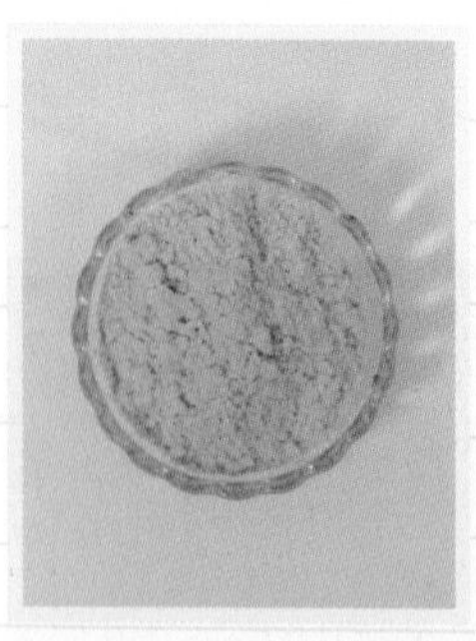

2. 1번 위에 귀리분말과 통귀리를 올린다.

3. 딸기 콩포트를 올린 후 장식용 허브를 올려 완성한다.

30.

파인애플 스무디

파인애플 콩포트를 갈아서 아이스크림과 함께 즐겨보자.

재료

파인애플 콩포트 60g, 바닐라 아이스크림 60g, 각얼음 60g
토핑용 파인애플 콩포트 30g, 바닐라 아이스크림 1스쿱, 장식용 허브

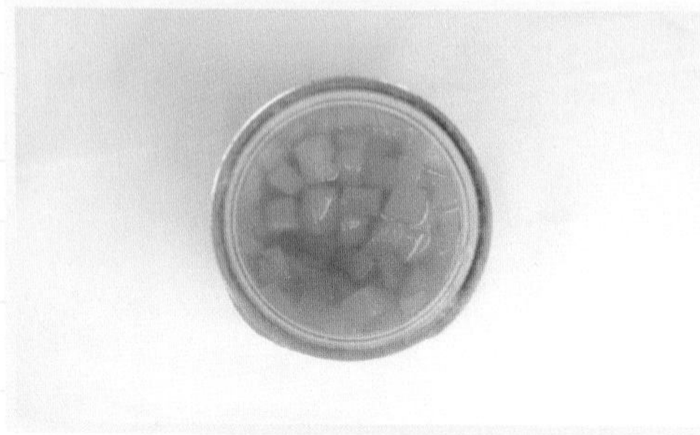

1. 믹서에 파인애플 콩포트, 바닐라 아이스크림, 각얼음을 넣어 갈아준다.

2. 1번을 잔에 담아준다.

3. 토핑용 파인애플 콩포트와 바닐라 아이스크림을 올리고 허브 잎으로 장식해 완성한다.

31.

생강차

생강고는 은은한 생강청과는 다르게 톡 쏘는 생강 향을 즐길 수 있다.

재료

생강고 20g, 따뜻한 물 200g

Recipe

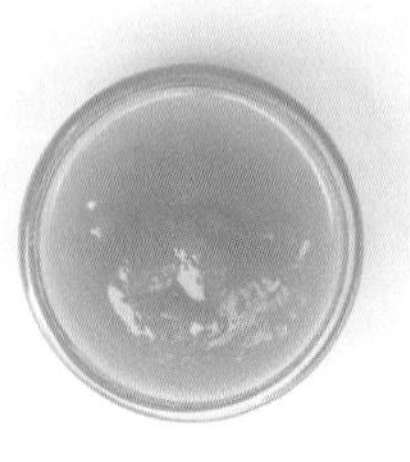

1. 차호에 생강고와 따뜻한 물을 넣어 저어 준비한다.

2. 찻잔에 생강차를 부어 마신다.

32.

대추차

밤에 잠이 오지 않을 때 즐길 수 있는 건강한 차다. 푹 끓여 고아 만든 엄마의 손길을 느낄 수 있다.

재료

대추고 50g, 따뜻한 물 50g, 건조대추

Recipe

1. 찻잔에 대추고를 넣는다.

2. 따뜻한 물을 넣어 젓는다.

3. 건조대추를 올려 완성한다.

33.

생강레몬 콘파냐

피곤하고 지칠 때 생강레몬 콘파냐를 권한다. 생크림의 부드러움과 진하고 달콤한 생강레몬청이 잘 어울린다.

재료

생강레몬청 50g, 따뜻한 물 50g, 생크림

Recipe

1. 에스프레소 잔에 생강레몬청을 넣는다.

2. 따뜻한 물을 부어 저어준다.

3. 생크림을 올린다.

4. 레몬을 올려 완성한다.

34.

레드과일 워터

세계보건기구(WHO)의 하루 물 섭취 권장량은 1.5~2리터이지만, 물을 다 마시기가 쉽지 않을 때 추천한다. 비트로 레드색을 입히고, 파인애플, 오렌지의 달콤함을 녹이며, 레몬의 상큼함을 깨워주는 과일 워터다.

재료

건조레몬, 건조오렌지, 건조파인애플, 건조비트, 정수

Recipe

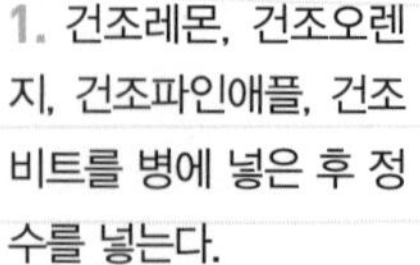

1. 건조레몬, 건조오렌지, 건조파인애플, 건조비트를 병에 넣은 후 정수를 넣는다.

TIP 《손경희의 수제청 정리노트》 1권의 건조레몬(148~150페이지), 건조오렌지(151~153페이지), 건조파인애플(157~159페이지), 건조비트(163~165페이지) 만드는 방법을 참고한다.

2. 약 10분간 우려 완성한다.

35.

옐로우과일 워터

레드과일 워터가 슬슬 물리고, 색다른 향의 워터를 원할 때 추천하고 싶은 과일 워터다. 사과의 달달함, 자몽과 라임의 향을 느껴보자.

재료

건조라임, 건조사과, 건조자몽, 정수

Recipe

1. 준비한 재료를 병에 넣은 후 정수를 넣는다.

TIP 《손경희의 수제청 정리노트》 1권에서 건조라임은 건조레몬(148~150페이지) 만드는 방법을 참고한다. 건조사과(160~162페이지), 건조자몽(172~174페이지) 만드는 방법도 참고한다.

2. 약 10분간 우려 완성한다.

Epilogue

감사의 마음을 전하며

평일에는 회사 일을 하며, 주말에는 오롯이 책 쓰는 작업에 집중했다. 몇 달 동안인지 정확히 알 수는 없지만, 수개월째 쉬는 날이 없었다. 특히 이번 여름휴가 기간은 책을 집필할 수 있는 유일한 시간이었기에 밤잠까지 줄여가면서 집필했다.

마지막 한 장을 남겨 놓았던 날, 눈물이 주르륵 흘렀다. 무엇 때문에 이렇게 지독하게 달려 왔는지를 묻는다면 내가 선택한 나의 꿈 때문이었다. 요리를 하고 싶어 시작한 나의 꿈은 알록달록 상큼한 과일을 이용한 다양한 수제청과 더불어 수제청 음료들을 만들어가고 있다.

이번 책 출간을 위해서 수없이 많은 수제청을 만들고, 홈카페 음료를 만들었다. 홈카페 음료를 좀 더 잘 연출하고 싶어 카페를 빌려 촬영도 했다. 이 책을 보는 독자분들이 건강한 홈카페 음료를 좀 더 잘 느낄 수 있었으면 하는 마음이다. 또한 수제청과 홈카페 음료가 독자분들에게 피로한 하루를 풀어줄 수 있는 위로가 되었으면 한다.

더불어 《손경희의 수제청 정리노트》를 사랑해준 독자분들에게 이 자리를 빌려 감사 인사를 전한다. 또한 이 책을 출간하기 위해 많이 고생해주신 주위의 모든 분들에게 감사한다. 와이프와 엄마의 부재로 가장 많이 불편했을 우리 가족들에게도 정말 고마운 마음을 전한다.

손경희의 수제청 정리노트 2

제1판 1쇄 | 2021년 2월 15일

지은이 | 손경희
펴낸이 | 손희식
펴낸곳 | 한국경제신문*i*
기획제작 | (주)두드림미디어
책임편집 | 배성분 디자인 | 얼앤똘비악earl_tolbiac@naver.com

주소 | 서울특별시 중구 청파로 463
기획출판팀 | 02-333-3577
E-mail | dodreamedia@naver.com
등록 | 제 2-315(1967. 5. 15)

ISBN 978-89-475-4658-4 (13590)

책 내용에 관한 궁금증은 표지 앞날개에 있는 저자의 이메일이나
저자의 각종 SNS 연락처로 문의해주시길 바랍니다.